JN298495

数学の
かんどころ 26

確率微分方程式入門
数理ファイナンスへの応用

石村直之 著

共立出版

編集委員会

飯高　茂　（学習院大学名誉教授）
中村　滋　（東京海洋大学名誉教授）
岡部　恒治　（埼玉大学名誉教授）
桑田　孝泰　（東海大学）

「数学のかんどころ」
刊行にあたって

　数学は過去，現在，未来にわたって不変の真理を扱うものであるから，誰でも容易に理解できてよいはずだが，実際には数学の本を読んで細部まで理解することは至難の業である．線形代数の入門書として数学の基本を扱う場合でも著者の個性が色濃くでるし，読者はさまざまな学習経験をもち，学習目的もそれぞれ違うので，自分にあった数学書を見出すことは難しい．山は1つでも登山道はいろいろあるが，登山者にとって自分に適した道を見つけることは簡単でないのと同じである．失敗をくり返した結果，最適の道を見つけ登頂に成功すればよいが，無理した結果諦めることもあるであろう．

　数学の本は通読すら難しいことがあるが，そのかわり最後まで読み通し深く理解したときの感動は非常に深い．鋭い喜びで全身が包まれるような幸福感にひたれるであろう．

　本シリーズの著者はみな数学者として生き，また数学を教えてきた．その結果えられた数学理解の要点（極意と言ってもよい）を伝えるように努めて書いているので読者は数学のかんどころをつかむことができるであろう．

　本シリーズは，共立出版から昭和50年代に刊行された，数学ワンポイント双書の21世紀版を意図して企画された．ワンポイント双書の精神を継承し，ページ数を抑え，テーマをしぼり，手軽に読める本になるように留意した．分厚い専門のテキストを辛抱強く読み通すことも意味があるが，薄く，安価な本を気軽に手に取り通読して自分の心にふれる個所を見つけるような読み方も現代的で悪くない．それによって数学を学ぶコツが分かればこれは大きい収穫で一生の財産と言

えるであろう．

「これさえ摑めば数学は少しも怖くない，そう信じて進むといいですよ」と読者ひとりびとりを励ましたいと切に思う次第である．

編集委員会と著者一同を代表して

飯高　茂

はじめに

　偶然性のもとで時間とともに変化する現象の解析は，数理科学の研究課題としてのみならず，広く応用の見地からも大切な問題である．このような現象は，一般に確率過程として数理モデル化される．その確率過程の中でも，伊藤清教授により導入された確率微分方程式によって記述される対象は，極めて重要で大きな領域をなしている．たとえば，金融工学や数理ファイナンスは，数理科学の立場から，この領域に含まれると述べて大過ないだろう．

　本書は確率微分方程式を，特にある程度使うことができるようになることを目標にして，初学者向けに解説した入門書である．数学としての厳密な体系化よりも，主に数理ファイナンスへの応用を念頭にして，実例や問題を通して確率微分方程式に慣れ親しんでもらおうとするものである．内容の取捨や取り扱いに関しては，著者が一橋大学大学院経済学研究科で行った金融工学の数理，あるいは数理ファイナンスの入門講義にほぼ準拠している．もちろんその際には，ブラウン運動の説明に株価変動の例を加えている．ともあれ本書全体としては，ゆっくり進めて半年の講義内容にちょうど良いくらいではないかと思う．社会科学系では大学院生向けの講義であるが，学部時代に数学をそれほど勉強してこなかった院生も多いため，多くの題材を自前で用意することになる．そのため，確率微分

方程式としては敷居の低い入門書となっており，自然科学系ならば学部からでも利用可能ではないかと，ひそかに期待している．読者の判断を待ちたい．

確率微分方程式が応用されている分野は，本来ならば大変に広大なものであるが，著者の非力や上記の理由により，本書では数理ファイナンスへの応用のみを解説している．本書により確率微分方程式に少しでも興味をもたれた方は，より高度な文献に是非とも取り組んでみて欲しい．この分野は，伊藤清教授はもとよりのこと，日本人による貢献が顕著である．さらに新たな一歩を踏み出すつもりで次の段階に進んでいただければ，著者にとっては望外の喜びである．

本書が世に出るにあたっては多くの方々からのご好意があった．編集委員の桑田孝泰先生と中村滋先生からは貴重なご意見をいただいた．一橋大学大学院経済学研究科修士課程の村中茂仁さんと一橋大学経済学部学生の村松謙さんには，初期の原稿を見て様々な的確な指摘をしていただいた．ともに大いに感謝している．また，共立出版の野口訓子さん，赤城圭さん，三浦拓馬さんには，著者の遅筆により出版計画が大いに遅れたにも関わらず，最後まで粘り強く対応していただいた．そのご尽力がなければ本書の出版はあり得なかったであろう．著者としてご要望にどこまで応えられたかはわからないが，頭の下がる思いで感謝している．

国立にて　2014 年 5 月

石村　直之

目　次

はじめに　v

第 1 章　ブラウン運動　　1
1.1　ブラウン運動　2
1.2　ランダム・ウォークと確率過程　4
1.3　ランダム・ウォークからブラウン運動へ　9
1.4　ブラウン運動の性質　17
1.5　計算例と問題　21

第 2 章　伊藤積分　　27
2.1　ブラウン運動による積分　28
2.2　伊藤積分　34
2.3　計算例と問題　40

第 3 章　伊藤の公式　　45
3.1　伊藤の公式　46
3.2　条件付き平均　54
3.3　マルチンゲール　61
3.4　伊藤過程とマルチンゲール　65
3.5　計算例と問題　67

第4章　確率微分方程式 ……… **73**

4.1　確率微分方程式　　74

4.2　解の存在と一意性　　79

4.3　生成作用素　　85

4.4　ファインマン・カッツの定理　　89

4.5　計算例と問題　　93

第5章　数理ファイナンスへの応用 ……… **97**

5.1　株価変動モデル　　98

5.2　様々な金融商品　　103

5.3　無裁定価格理論　　108

5.4　ブラック・ショールズ評価公式　　112

5.5　計算例と問題　　121

第6章　付録 ……… **127**

6.1　確率論の基礎事項　　128

6.2　典型的な確率分布　　136

6.3　バナッハの不動点定理　　146

問題略解　149

参考文献　155

索引　157

第1章 ブラウン運動

　ブラウン運動は，もともとはひとつの自然現象として発見され，その理論的な基礎付けが，相対性理論のアインシュタインによって 1905 年に与えられた．数学としてのブラウン運動は，現在では確率過程のなかで大きな位置を占める概念となっている．単に確率微分方程式といえば，通常はブラウン運動をともなう微分方程式のことを意味する．この章では，まずブラウン運動とはそもそもどのような現象を指すのか考察し，そのあと順にブラウン運動の数学理論を見渡して行く．

1.1 ブラウン運動

　江沢洋『だれが原子をみたか』（2013年）は，物理学における原子論が成立するまでを見事に描いた書物である．その第1章は「ブラウンの発見」と，ブラウン運動に関する内容である．以下，この江沢先生の本に従いながら，ブラウン運動とは何かを簡潔に振り返ってみよう．

微粒子の乱雑な動き

　1828年の論文で，イギリスの植物学者であるロバート・ブラウン博士は，顕微鏡で水に浮かんだ花粉を観察していたときに面白い現象を見出したと報告した．それは，花粉が水を吸って破裂して出てきた微粒子が，ちょこまかと小さく不規則な動きをするという現象である．微粒子は，花粉のように生物由来でなくともよく，鉱物由来でも同じような不規則な動きをする．他にも色々な条件のもとで実験を重ね，ブラウン博士は，どのような物質でも細かく微粒子にして水に浮かべれば，ちょこまかと小さく激しい運動をする，という普遍的な法則を見出したのである（図1-1）．現在では，このような微粒子のちょこまかした乱雑な動きのことを，ブラウン博士を讃えてブラウン運動と呼んでいる．

　このブラウン運動の理論的な基礎付けは，1905年アインシュタインにより与えられた．当時は無名であったアインシュタインは，この1905年に，いずれも画期的な3つの論文を公表し，大科学者として彗星の如く登場したのである．そのひとつは特殊相対性理論の論文であり，別のひとつは光量子仮説の論文，そしてもうひとつが，このブラウン運動に関する論文である．ここで，ブラウン運動

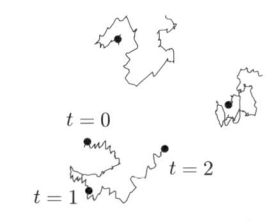

図 1-1 ブラウン運動

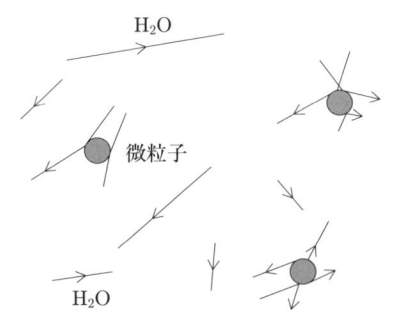

図 1-2 微粒子の複雑な動き

に関するアインシュタインの基本的な考え方を見ておこう．

今，花粉から出た微粒子が水に浮かんでいる状況を考えよう．水の分子 H_2O はひとつひとつが運動しており，その速度分布はいわゆるマクスウェルの速度分布則に従っている．すなわち，ある速度を中心とする左右対称な釣鐘状の正規分布（定義 6.17）であり，中心となる平均の速度は温度に依存して決まる．水に浮かんだ花粉から出た微粒子は，微粒子といっても水分子よりはるかに大きく，四方八方から水分子が衝突している（図 1-2）．ある瞬間に微粒子に衝突した水分子の力の総和は，右方向からと左方向からと，あるいは上方からと下方からと，それぞれ釣り合うことはほとんどなく，次の瞬間には不規則に移動する．この連鎖がちょこまかとした乱雑な動きになると考えるのである．

🍂 ブラウン運動の $\sqrt{t}$ 法則

アインシュタインによるブラウン運動の理論の特徴のひとつは，ブラウン運動が本質的に確率過程であると考えている点である．確率過程がどのようなものであるのか，すぐ後で説明するので，今はそのような用語があるのかくらいに考えておいて欲しい．ともあれアインシュタインは，入念な推論の結果，ブラウン運動についての次の重要な性質を示した：時間間隔 $(t, t + \Delta t)$ $(\Delta t > 0)$ における，微粒子の変位の大きさ Δx は $\sqrt{\Delta t}$ に比例する．すなわち，ある定数 $b > 0$ に対して

$$\Delta x = b\sqrt{\Delta t}$$

が成立する．これを，ブラウン運動の $\sqrt{t}$ 法則と呼ぼう（江沢，前掲書参照）．

ブラウン運動の $\sqrt{t}$ 法則は，その姿を変えながら今後いくつかの場面で現れる重要な性質のひとつである．

次に，確率過程としてのブラウン運動の数理モデル，すなわち，ランダム・ウォークとその極限を考えよう．

1.2 ランダム・ウォークと確率過程

ランダム・ウォークは，確率過程の数理モデルで最も簡単なもののひとつである．一次元対称ランダム・ウォークならば，単に，表と裏の2通りのコインを投げ続けるのと同値な現象であるが，その見かけとは異なり豊かな構造をもっている．

🍂 一次元対称ランダム・ウォーク

一次元直線の上に最初，時刻 $t = 0$ では原点 $x = 0$ に，ひとつの動点があるとする．時間が $t = 1, 2, \cdots, n, \cdots$ と1進むごとに，動点は確率 $\frac{1}{2}$ で右に，確率 $\frac{1}{2}$ で左に，それぞれ1だけ動くとする．すなわち，時刻 t での動点の座標を $x_t \in \mathbb{R}$ とすると

$$x_{t+1} = \begin{cases} x_t + 1 & \text{確率 } \frac{1}{2} \text{ で} \\ x_t - 1 & \text{確率 } \frac{1}{2} \text{ で} \end{cases}$$

となる．このモデルを，一次元対称ランダム・ウォーク (random walk) という．対称というのは，右に動く確率と左に動く確率とが等しいことを意味する．

一次元対称ランダム・ウォークは，アインシュタインのブラウン運動の理論の最も単純なモデルとみなすことができる．というのは，ここでの動点は花粉から出た微粒子に対応し，動点が右に左に確率的に動くことは水分子の衝突の結果として微粒子がちょこまか動くことに対応していると，それぞれ考えることができるからである．

一次元対称ランダム・ウォークは，次のような表し方も可能である．まず用語を用意しよう．一般に，その値をとる確率が定められるような関数を**確率変数**という（定義6.4）．そこで，各 $n = 1, 2, \cdots, t$ に対して，互いに独立（定義6.3）な離散確率変数 B_n を

$$B_n = \begin{cases} +1 & \text{確率 } \frac{1}{2} \text{ で} \\ -1 & \text{確率 } \frac{1}{2} \text{ で} \end{cases}$$

とする．すなわち，各 B_n $(n = 1, 2, \cdots)$ は $+1$ および -1 の値をとり，それぞれの値をとる確率は $\frac{1}{2}$ であるような互いに独立な確率変数である．このような確率変数の族，すなわち，同じ分布をもち，かつ互いに独立であるような確率変数の族は，**独立同分布**

(independent and identically distributed，簡単に i.i.d. と書く）と呼ばれている．同分布については付録（p.133）を参照のこと．

このとき，$t = 1, 2, \cdots$ に対して

$$x_t = S_t := \sum_{k=1}^{t} B_k, \qquad x_0 = S_0 = 0$$

となる．すなわち，さらに一般にも，独立同分布な確率変数列 $\{B_n\}_{n=1,2,\cdots}$ を用いて，その和

$$x_n = S_n = \sum_{k=1}^{n} B_k, \qquad S_0 = 0$$

により一次元ランダム・ウォークが定まるのである．

確率過程

さて一般に，確率変数が，さらに時間 t に依存するとき，確率過程 (stochastic process) が定められているという．言い換えれば，確率過程とは時間変数を含む確率変数のことである．たとえば，一次元ランダム・ウォーク x_t は，各 $t = 1, 2, \cdots$ に対して確率変数 $x_t = \sum_{k=1}^{t} B_k$ が対応している．時間 t が，$t = 1, 2, \cdots$ のように離散的な値をとる場合を**離散型確率過程** (discrete stochastic process) といい，時間 t が，$t \geq 0$ のように連続的な値をとる場合を**連続型確率過程** (continuous stochastic process) という．一次元ランダム・ウォークは離散型確率過程であり，あとで見るように，ブラウン運動は連続型確率過程である．

1.2 ランダム・ウォークと確率過程

🌰 ランダム・ウォークの性質

さて，一次元対称ランダム・ウォークの性質を調べておこう．

命題 1.1

x_t の期待値 $E[x_t]$，分散 $V[x_t]$ は，それぞれ

$$E[x_t] = 0, \quad V[x_t] = t$$

である．

期待値と分散については，必要ならば付録（期待値：定義 6.7, 分散：定義 6.8）を参照のこと．

[証明] 単なる計算でわかるが，やや詳しく書くと，$E[B_k] = 0$, $V[B_k] = 1$ により

$$E[x_t] = E\left[\sum_{k=1}^{t} B_k\right] = \sum_{k=1}^{t} E[B_k] = 0$$

$$V[x_t] = V\left[\sum_{k=1}^{t} B_k\right] = \sum_{k=1}^{t} V[B_k] \quad (\{B_k\}_{k=1,2,\cdots,t} \text{ は独立})$$

$$= \sum_{k=1}^{t} 1 = t \qquad \square$$

例題 1.2

$k \in \mathbb{Z}$（すなわち，$k = 0, \pm 1, \pm 2, \cdots$）に対して

$$P(x_t = k) = \begin{cases} {}_t\mathrm{C}_{\frac{t+k}{2}}\left(\dfrac{1}{2}\right)^t & \left(-t \leq k \leq t, \ \dfrac{t+k}{2} \in \mathbb{Z}\right) \\ 0 & (\text{それ以外}) \end{cases}$$

であることを示せ．

[解] $x_t = k$ となる場合を考えよう．t 回のうち，$+1$ である場合を r 回，-1 である場合を l 回とすれば

$$r + l = t \quad \text{および} \quad r - l = k$$

が成り立つ．これより，$r = \dfrac{t+k}{2} \in \mathbb{Z}$ であり，二項分布（定義 6.11）から

$$P(x_t = k) = {}_t\mathrm{C}_r \left(\frac{1}{2}\right)^t = {}_t\mathrm{C}_{\frac{t+k}{2}} \left(\frac{1}{2}\right)^t$$

がわかる．

すべて $+1$ のときは $k = t$ であり，すべて -1 のときは $k = -t$ であるので，$-t \leq k \leq t$ が成り立つ．

これ以外の k に対しては，$x_t = k$ となることはないので $P(x_t = k) = 0$ である． □

命題 1.3

(1) $0 < t_1 < t_2 < \cdots < t_n$（ただし，$t_k \in \mathbb{N}$）に対して

$$x_{t_1}, x_{t_2} - x_{t_1}, \cdots, x_{t_n} - x_{t_{n-1}}$$

は独立である．

(2) $t, s \in \mathbb{N}$ に対して

$$x_{t+s} - x_t$$

の分布は t に依存しない．

[考え方] $x_{t+s} - x_t = \displaystyle\sum_{k=t+1}^{t+s} B_k$ であり，$\{B_k\}$ は独立同分布 (i.i.d.) であることを用いる．

(1) 実際，$x_{t_1} = \displaystyle\sum_{k=1}^{t_1} B_k$ と $x_{t_2} - x_{t_1} = \displaystyle\sum_{k=t_1+1}^{t_2} B_k$ は確かに独立であ

る．以下は帰納的に従う．

(2) 同様に考えて

$$x_{t+s} - x_t \text{の分布} = \sum_{k=t+1}^{t+s} B_k \text{の分布}$$
$$\sim \sum_{k=1}^{s} B_k \text{の分布} = x_s \text{の分布}$$

である． □

命題 1.3 において，性質 (1) を独立増分 (independent increments) といい，性質 (2) を定常増分 (stationary increments) という．

1.3 ランダム・ウォークからブラウン運動へ

§1.2 で考察したランダム・ウォークは，時間 1 ごとに $\frac{1}{2}$ の等確率で左右のいずれかに 1 だけ移動するという離散型確率過程であった．ここでは，離散から連続への極限を考えよう．すなわち，時間 Δt ごとに $\frac{1}{2}$ の等確率で左右のいずれかに Δx だけ移動するような一次元対称ランダム・ウォークを考え，微小な $\Delta t, \Delta x$ がともに 0 に近付くときの極限がどうなるか考察しよう．

ランダム・ウォークの極限

時刻 t での動点の座標を $x_t \in \mathbb{R}$ とすると

$$x_t = \Delta x \sum_{k=1}^{\left[\frac{t}{\Delta t}\right]} B_k$$

$$= \Delta x(B_1 + B_2 + \cdots + B_{\left[\frac{t}{\Delta t}\right]-1} + B_{\left[\frac{t}{\Delta t}\right]})$$

である．ただし，記号 $\left[\dfrac{t}{\Delta t}\right]$ はガウス記号と呼ばれ，$\dfrac{t}{\Delta t}$ の整数部分を表す．これより

$$E[x_t] = 0, \quad V[x_t] = (\Delta x)^2 \left[\frac{t}{\Delta t}\right] \qquad (1.1)$$

が成り立つ．

さて，Δt と Δx が適当な関係を満たしつつ 0 に近付くとき，その極限として定められる確率過程が意味のあるものにしたい．たとえば，単に $\Delta t = \Delta x$ の関係を満たしつつ $\Delta t = \Delta x \to 0$ であるならば，式（1.1）において

$$\frac{t}{\Delta t} - 1 < \left[\frac{t}{\Delta t}\right] \leq \frac{t}{\Delta t}$$

に注意すると

$$E[x_t] = 0, \quad V[x_t] \to 0$$

となり，ほとんどいたるところ $\lim_{\Delta t = \Delta x \to 0} x_t = 0$，すなわち，極限として定められる確率過程は単純なもので面白みがない．

そこで想い出すのがブラウン運動の $\sqrt{t}$ 法則である（1.1 節参照）．この法則を念頭におけば，ある正の定数 σ に対して $\Delta x = \sigma \sqrt{\Delta t}$ という関係が適切だろうと想像できる．実際，この関係を満たしつつ $\Delta t \to 0, \Delta x \to 0$ となる極限を考えれば

$$E[x_t] = 0, \quad V[x_t] = \sigma^2 \Delta t \left[\frac{t}{\Delta t}\right] \to \sigma^2 t$$

となり，意味のある極限を得ることができる．

さて，x_t は独立かつ同分布な確率変数列 $\{(\Delta x) B_k\}_{k=1,2,\cdots,n}$

(ただし，$n = \left[\dfrac{t}{\Delta t}\right]$ とおく) の和として表されたことに注意しよう．これより，中心極限定理 (定理 6.18) を適用すれば

$$\left(x_t = (\Delta x)\sum_{k=1}^{n} B_k \text{ の標準化 (定義 6.17)}\right)$$
$$= \frac{x_t - n \times ((\Delta x)B_k \text{の平均})}{\sqrt{n \times ((\Delta x)B_k \text{の分散})}} = \frac{x_t}{\sigma\sqrt{n\Delta t}}$$
$$\to N(0,1) \quad (n \to \infty)$$

が成り立つ．そこで，$N(0,1)$ に従う確率変数 Z に対して，$n\Delta t \to t$ $(n \to \infty)$ に注意すれば，x_t の分布は $\sigma\sqrt{t}Z$ の分布に近付くことがわかる．すなわち，

$$x_t \sim \sigma\sqrt{t}Z \sim N(0, \sigma^2 t)$$

特に，$\dfrac{x_t}{\sigma\sqrt{t}} \sim N(0,1)$ である．

🌳 ブラウン運動

これまで考えてきたランダム・ウォーク x_t に関して，$\Delta x = \sigma\sqrt{\Delta t}$ という関係を満たしつつ $\Delta t \to 0, \Delta x \to 0$ の極限で x_t が近付く分布を，**ブラウン運動** (Brownian motion)，あるいは**ウィーナー過程** (Wiener process) という．ここで定義としてまとめておこう．

定義 1.4

$\mathbb{R}$ の上の確率過程 $W = W(t)$ $(t \geq 0)$ がブラウン運動であるとは，次の (1), (2) の性質を満たすときにいう．
(1) $W(0) = 0$ であり，$W(t)$ は独立かつ定常増分である．すなわち

- 任意の $0 < t_1 < t_2 < \cdots < t_n$ に対して

$$W(t_1), W(t_2) - W(t_1), \cdots, W(t_n) - W(t_{n-1})$$

は独立である．
- 任意の $s, t > 0$ に対して

$$W(t+s) - W(t)$$

の分布は t に依存しない．

(2) 任意の $t > 0$ に対して，$W(t)$ は平均 0，分散 $\sigma^2 t$ の正規分布に従う．すなわち

$$W(t) \sim N(0, \sigma^2 t)$$

である．

特に $\sigma^2 = 1$ の場合を，**標準ブラウン運動** (standard Brownian motion) という．また，(2) は特に

$$E[W(t)] = 0, \quad V[W(t)] = E[W(t)^2] - E[W(t)]^2 = \sigma^2 t$$

を意味する．

先に考えたランダム・ウォーク x_t の極限が，上の定義を満たしていることは納得できるだろう．独立増分であること，および定常増分であることは，対応する x_t の性質から直ちに従うからである．

$W = W(t)$ は確率過程なので，各 t に対して $W(t)$ は確率変数である．よって，厳密には $\mathbb{R}$ のある σ-加法族（定義 6.1，今の場合は事象の集合）$\mathcal{B}$ に関して，任意の $r \in \mathbb{R}$ に対して

$$\{\omega \in \mathbb{R} \mid W(t, \omega) \leq r\} \in \mathcal{B}$$

となる（定義 6.4）．以下では，この ω 変数を省略し，単に $W(t)$ の

ように書く．また，特に断らない限り，$W = W(t)$ は標準ブラウン運動を表すことにする．

次の命題は，この先のブラウン運動の計算で基本となるものである．

命題 1.5

$W = W(t)$ $(t \geq 0)$ を標準ブラウン運動とする．このとき

$$E[W(s)W(t)] = \min\{s, t\}$$

が成り立つ．ただし，$\min\{s, t\}$ は s と t との大きくない方の値を表す．またこれより

$$E[(W(t) - W(s))^2] = |t - s|$$

がわかる．

[証明] まず $s = t$ ならば，$W(s)$ の分布は平均 0，分散 s の正規分布に従う．よって

$$E[W(s)^2] = \frac{1}{\sqrt{2\pi s}} \int_{\mathbb{R}} x^2 e^{-\frac{x^2}{2s}} dx = s$$

である．

次に，$s < t$ と仮定する．$s > t$ の場合も同様である．

$$W(t) = W(s) + (W(t) - W(s))$$

であり，$W(s)$ と $W(t) - W(s)$ は独立なので

$$E[W(s)(W(t) - W(s))] = E[W(s)] \cdot E[W(t) - W(s)] = 0$$

である．これより

$$E[W(s)W(t)] = E[W(s)\{W(s) + (W(t) - W(s))\}]$$
$$= E[W(s)^2] + E[W(s)(W(t) - W(s))]$$
$$= s = \min\{s, t\}$$

また,

$$E[(W(t) - W(s))^2] = E[W(t)^2 - 2W(s)W(t) + W(s)^2]$$
$$= E[W(t)^2] - 2E[W(s)W(t)] + E[W(s)^2]$$
$$= t - 2s + s = t - s = |t - s|$$

となる. □

問題 1.6

$W = W(t)$ $(t \geq 0)$ を標準ブラウン運動とする.

$$E[(W(t) - W(s))^4] = 3(t - s)^2$$

を示せ.

命題 1.7

$W = W(t)$ $(t \geq 0)$ を標準ブラウン運動とする. このとき

$$V[(W(t) - W(s))^2 - |t - s|] = 2(t - s)^2$$

が成り立つ.

[証明] $s < t$ の場合を考える. $s > t$ の場合も同様である.
$E[(W(t) - W(s))^2] = |t - s|$ なので, 上の問題 1.6 を利用して

$$V[(W(t)-W(s))^2 - |t-s|]$$
$$= E[((W(t)-W(s))^2 - |t-s|)^2]$$
$$= E[(W(t)-W(s))^4] - 2|t-s|\cdot E[(W(t)-W(s))^2] + |t-s|^2$$
$$= 3|t-s|^2 - 2|t-s|^2 + |t-s|^2$$
$$= 2|t-s|^2 \qquad \Box$$

特に,上で $s = t+\Delta t$ $(\Delta t \geq 0)$ とし,$W(s) = W(t+\Delta t) = W(t) + \Delta W(t)$ と書くと $E[(\Delta W(t))^2] = \Delta t$,かつ $V[(\Delta W(t))^2 - \Delta t] = 2(\Delta t)^2$ を得る.すなわち,ブラウン運動の $\sqrt{t}$ 法則が期待値の意味で成り立つことがわかる.

次の事実が知られている.これは,ブラウン運動が大変に奇妙で複雑な性質をもっていることを示している.

定理 1.8

$W = W(t)$ $(t \geq 0)$ を標準ブラウン運動とする.
 (1) $W = W(t)$ は,t の関数とみて確率 1 で,連続であるが微分可能ではない.
 (2) $W = W(t)$ は有界変動ではない.

---

t の関数とみた $t \mapsto W(t)$ を,ブラウン運動 $W(t)$ の道 (path) という.

ここで,関数 $f = f(t)$ $(0 \leq t \leq T)$ が有界変動であるとは,定数 M が存在し,区間 $[0, T]$ のどのような分割 $0 = t_0 < t_1 < \cdots < t_n = T$ に対しても

$$\sum_{k=1}^{n} |f(x_k) - f(x_{k-1})| \leq M$$

となるときにいう．

以下に，大雑把ではあるが，定理の納得の仕方を考えてみよう．定理 1.8 の (1), (2) ともに，ブラウン運動の $\sqrt{t}$ 法則が基礎となる．

まず (1) であるが，ブラウン運動の道 $W = W(t)$ が連続であることは認めておこう．確率 1 で微分不可能であることは，$W(t+h) - W(t)$ $(h > 0)$ の分布が正規分布 $N(0, h)$ に従うことに注意する．すなわち，特に

$$\frac{W(t+h) - W(t)}{\sqrt{h}} \sim N(0, 1)$$

である．ということは

$$\frac{W(t+h) - W(t)}{h} = \frac{W(t+h) - W(t)}{\sqrt{h}} \cdot \frac{1}{\sqrt{h}} \sim \frac{1}{\sqrt{h}} N(0, 1)$$

であり，この分布は，$h \to 0$ のときに確率 1 で発散する．

次に (2) であるが，簡単のため $T = 1$ とし，分割 $t_k = \dfrac{k}{2^n}$ $(k = 0, 1, 2, \cdots, 2^n)$ を考える．ブラウン運動の $\sqrt{t}$ 法則により，$W(t_k) - W(t_{k-1}) = \sqrt{t_k - t_{k-1}} = \dfrac{1}{\sqrt{2^n}}$ と思うと，$t \to \infty$ のとき

$$\sum_{k=1}^{2^n} \left| W\left(\frac{k}{2^n}\right) - W\left(\frac{k-1}{2^n}\right) \right| = \sqrt{\frac{1}{2^n}} \cdot 2^n = \sqrt{2^n} \to \infty$$

となる．

この節の最後に，ブラウン運動の別の特徴付けを与えておこう．

定義 1.9

$\mathbb{R}$ の上の確率過程 $W = W(t)$ $(t \geq 0)$ がブラウン運動であるとは，次の (1), (2) の性質を満たすときにいう．

(1) $W(0) = 0$. かつ，$W(t)$ はガウス過程である．すなわち，任意の $0 \leq t_1 < t_2 < \cdots < t_n$，および任意の正の数 $a_1, a_2, \cdots, a_n$ に対して

$$\sum_{k=1}^{n} a_k W(t_k)$$

は正規分布に従う．

(2) 任意の $s, t > 0$ に対して，$W(t)$ は，平均 $E[W(t)] = 0$ であり，共分散（定義 6.10）は

$$C[W(s), W(t)] := E[W(s)W(t)] - E[W(s)]E[W(t)]$$
$$= \sigma^2 \min\{s, t\}$$

を満たす．$\sigma^2 = 1$ の場合を，標準ブラウン運動という．

与えられた確率過程がブラウン運動であるかどうか調べるには，前の定義よりも，こちらの定義が満たされるかどうか確かめる方がむしろ便利である．2 つの定義が同値であることは，たとえば，伊藤清（2012 年），成田清正（2010 年）を参照のこと．

1.4 ブラウン運動の性質

ここでは，ブラウン運動の基本的な性質をまとめておこう．さらに，ブラウン運動を用いた典型的な確率過程について考えよう．

🌱 ブラウン運動の変換

ブラウン運動には，いくつかの変換不変性が知られている．次にまとめておこう．

命題 1.10

$W = W(t)$ $(t \geq 0)$ を標準ブラウン運動とする．このとき，次の確率過程 $X_k(t)$ $(k = 1, 2, 3, 4)$ もまた標準ブラウン運動である．

(1) $X_1(t) = hW\left(\dfrac{t}{h^2}\right)$ ($h > 0$ は定数)

(2) $X_2(t) = W(t+h) - W(h)$ ($h > 0$ は定数)

(3) $X_3(t) = tW\left(\dfrac{1}{t}\right), X_3(0) = 0$ ($t > 0$)

(4) $X_4(t) = -W(t)$

---

(1) をスケール変換，(2) を差分，(3) を時間反転，(4) を対称変換，とそれぞれ呼ぶ．

[証明] 各 $X_k(t)$ $(k = 1, 2, 3, 4)$ は，$X_k(0) = 0$ であり，また，$E[X_k(t)] = 0$ を満たすガウス過程であることはよい．そこで，命題を示すために共分散 $C[X_k(s), X_k(t)]$ を計算する．これが $C[X_k(s), X_k(t)] = \min\{s, t\}$ となれば，確かに $X_k(t)$ は標準ブラウン運動である．

$E[X_k(t)] = 0$ なので，$C[X_k(s), X_k(t)] = E[X_k(s)X_k(t)]$ であることに注意しよう．

$s < t$ とする．$t > s$ の場合も同様な計算である．まず (1) は

$$E[X_1(s)X_1(t)] = h^2 E\left[W\left(\frac{s}{h^2}\right)W\left(\frac{t}{h^2}\right)\right]$$
$$= h^2 \frac{s}{h^2} = s = \min\{s, t\}$$

(2) では

$$E[X_2(s)X_2(t)] = E[(W(s+h) - W(h))(W(t+h) - W(h))]$$
$$= s + h - h - h + h = s = \min\{s,t\}$$

(3) では，$s < t$ ならば $\dfrac{1}{t} < \dfrac{1}{s}$ なので
$$E[X_3(s)X_3(t)] = stE[W\Big(\dfrac{1}{s}\Big)W\Big(\dfrac{1}{t}\Big)]$$
$$= st\dfrac{1}{t} = s = \min\{s,t\}$$

最後に (4) では
$$E[X_4(s)X_4(t)] = E[W(s)W(t)] = s = \min\{s,t\}$$

以上により，$X_k(t)$ $(k = 1, 2, 3, 4)$ はすべて標準ブラウン運動である． □

オルンシュタイン・ウーレンベック過程

ブラウン運動を含んだ，定型的な確率過程を 2 つ紹介しよう．

定義 1.11

$W = W(t)$ $(t \geq 0)$ を標準ブラウン運動，μ, σ を正の数とする．
$$U(t) = e^{-\mu t}W\Big(\dfrac{\sigma^2 e^{2\mu t}}{2\mu}\Big) \tag{1.2}$$
により定められる確率過程を，オルンシュタイン・ウーレンベック過程 (Ornstein-Uhlenbeck process) という．

命題 1.12

オルンシュタイン・ウーレンベック過程 (1.2) は，平均 0，分散 $\dfrac{\sigma^2}{2\mu}$ の正規分布 $N\left(0, \dfrac{\sigma^2}{2\mu}\right)$ に従う．

[証明] $U(t)$ が正規分布に従うことはよい．平均と分散を計算すると

$$E[U(t)] = e^{-\mu t} E\left[W\left(\frac{\sigma^2 e^{2\mu t}}{2\mu}\right)\right] = 0$$

$$V[U(t)] = (e^{-\mu t})^2 E\left[\left\{W\left(\frac{\sigma^2 e^{2\mu t}}{2\mu}\right)\right\}^2\right] = e^{-2\mu t}\frac{\sigma^2 e^{2\mu t}}{2\mu} = \frac{\sigma^2}{2\mu}$$

となるので，$U(t)$ は正規分布 $N\left(0, \dfrac{\sigma^2}{2\mu}\right)$ に従う． □

問題 1.13

オルンシュタイン・ウーレンベック過程 (1.2) の共分散 $C[U(t+s), U(t)]$ $(s, t \geq 0)$ を求めよ．

対数正規過程

ブラウン運動は正負いずれの値も取り得るが，非負値の確率過程として，次の対数正規過程はよく知られている．関連する対数正規分布については定義 6.19 を参照のこと．

定義 1.14

$W = W(t)$ $(t \geq 0)$ を標準ブラウン運動とする．

$$X(t) = e^{\sigma W(t)} \tag{1.3}$$

により定められる確率過程を，対数正規過程 (log-normal process) という．ただし，σ は正の数である．

定義より，$X(t)$ は非負値であることがわかる．また，対数正規過程というのは，対数 $\log X(t)$ が正規過程 $\sigma W(t)$ であることによる．

命題 1.15

対数正規過程（1.3）の密度関数（p.133）は
$$f(y) = \frac{1}{\sqrt{2\pi\sigma^2 t}\, y} \exp\left(-\frac{(\log y)^2}{2\sigma^2 t}\right) \qquad (y > 0)$$
である．

注意 1.16
$f(y) = \dfrac{d}{dy} P(X(t) \le y)$ である．

[証明] 計算により
$$f(y) = \frac{d}{dy} P\left(W(t) \le \frac{1}{\sigma} \log y\right) = \frac{d}{dy}\left(\frac{1}{\sqrt{2\pi t}} \int_{-\infty}^{\frac{\log y}{\sigma}} e^{-\frac{x^2}{2t}} dx\right)$$
$$= \frac{1}{\sqrt{2\pi\sigma^2 t}\, y} \exp\left(-\frac{(\log y)^2}{2\sigma^2 t}\right)$$

となり結論を得る． □

1.5　計算例と問題

この節では，ブラウン運動を含む積分の計算例と，いくつかの補充問題を与える．以下では，特に断らない限り $W = W(t)$ $(t \ge 0)$ を標準ブラウン運動とする．

期待値の計算

滑らかな関数 $f = f(t,x)$ に対して, 期待値 $E[f(t,W(t))]$ は

$$E[f(t,W(t))] = \frac{1}{\sqrt{2\pi t}} \int_{-\infty}^{\infty} f(t,x) e^{-\frac{x^2}{2t}} dx$$

により計算する. これは, $W(t) \sim N(0,t)$ だからである.

例題 1.17

$E[W(t)^4]$ を求めよ.

[解] 定義より

$$E[W(t)^4] = \frac{1}{\sqrt{2\pi t}} \int_{-\infty}^{\infty} x^4 e^{-\frac{x^2}{2t}} dx = \frac{-t}{\sqrt{2\pi t}} \int_{-\infty}^{\infty} x^3 \left(e^{-\frac{x^2}{2t}} \right)' dx$$
$$= \frac{3t}{\sqrt{2\pi t}} \int_{-\infty}^{\infty} x^2 e^{-\frac{x^2}{2t}} dx = 3t^2$$

となる.

別解として, 次の問題での積率母関数 $M_W(s)$ を用いれば

$$E[W(t)^4] = \frac{d^4}{ds^4} M_W(s) \Big|_{s=0} = 3t^2$$

のように求めることもできる. □

例題 1.18

一般に, 確率変数 X に対して $M_X(s) = E[e^{sX(t)}]\ (s>0)$ を, X の積率母関数 (moment generating function) という. 標準ブラウン運動 $W(t)$ の積率母関数 $M_W(s)$ を求めよ. すなわち

$$M_W(s) = E[e^{sW(t)}] = \frac{1}{\sqrt{2\pi t}} \int_{-\infty}^{\infty} e^{sx} e^{-\frac{x^2}{2t}} dx$$

を計算せよ.

[解] 指数部分を上手く処理する．

$$M_W(s) = \frac{1}{\sqrt{2\pi t}} \int_{-\infty}^{\infty} \exp\left\{-\frac{1}{2t}(x-st)^2 + \frac{s^2 t}{2}\right\} dx$$

$$= e^{\frac{s^2 t}{2}} \frac{1}{\sqrt{2\pi t}} \int_{-\infty}^{\infty} e^{-\frac{y^2}{2t}} dy = e^{\frac{s^2 t}{2}}$$

となる．

この積率母関数を用いれば

$$M'_W(s) = \frac{d}{ds} M_W(s) = E[W(t) e^{sW(t)}]$$
$$M''_W(s) = \frac{d^2}{ds^2} M_W(s) = E[W(t)^2 e^{sW(t)}]$$

となり，これより

$$E[W(t)] = M'_W(0), \qquad E[W(t)^2] = M''_W(0)$$
$$V[W(t)] = E[W(t)^2] - (E[W(t)])^2 = M''_W(0) - M'_W(0)^2$$

を得る． □

問題

問題 1.19

閉区間 $[0,1]$ から $[0,1]$ への関数族 $\{T_n(x)\}_{n=1,2,\cdots}$ を

$$T_n(x) = \min_{k=0,1,\cdots,2^n} \left\{\left|x - \frac{k}{2^n}\right|\right\}$$

により定める．例えば

$$T_1(x) = \min\left\{|x|, \left|x-\frac{1}{2}\right|, |x-1|\right\}$$
$$T_2(x) = \min\left\{|x|, \left|x-\frac{1}{4}\right|, \left|x-\frac{1}{2}\right|, \left|x-\frac{3}{4}\right|, |x-1|\right\}$$

である．$0 \leq T_n(x) \leq \dfrac{1}{2^n}$ が成り立ち，各 $x \in [0,1]$ に対して

$$T(x) = \sum_{n=1}^{\infty} T_n(x) \tag{1.4}$$

が確定する．$T(x)$ は，連続であるがほとんどいたるところ微分不可能であることを示せ．この式 (1.4) を高木関数 (Takagi function) という．

問題 1.20

確率 1 で

$$\lim_{t \to \infty} \frac{W(t)}{t} = 0$$

となることを示せ．この性質を，大数の法則という．

問題 1.21

$W(0) = W(1) = 0$ を満たす $0 \leq t \leq 1$ におけるブラウン運動をブラウン橋 (Brown bridge) という．

(1) $W^0(t) = W(t) - tW(1)$ $(0 \leq t \leq 1)$
(2) $W^1(t) = (1-t)W\left(\dfrac{t}{1-t}\right)$ $(0 \leq t \leq 1)$

は，それぞれブラウン橋であることを確かめよ．また，$W^0(t)$, $W^1(t)$ の平均 $E[W(t)]$ と共分散 $C[W^k(t+s), W^k(t)]$（ただし，$0 \leq t \leq 1$, $0 \leq t+s \leq 1$, $k=0,1$）を，それぞれ求めよ．

問題 1.22

μ, σ を正の数としたとき

$$X(t) = \mu t + \sigma W(t) \qquad (t \geq 0) \qquad (1.5)$$

を，ドリフトをもつブラウン運動という．μt をドリフト項という．このとき，$X(t)$ の分布は，平均 μt，分散 $\sigma^2 t$ の正規分布 $N(\mu t, \sigma^2 t)$ に従うことを示せ．

問題 1.23

ドリフトをもつブラウン運動 (1.5) に対して

(1) 共分散 $C[X(t+s), X(t)]$

(2) 積率母関数 $M_X(s) = E[e^{sX(t)}]$

を，それぞれ求めよ．

第2章

伊藤積分

　確率微分方程式と述べても，実は対応する積分方程式の方に意味付けがなされる微分方程式である．そこでの積分は，一般にはブラウン運動をともなう確率積分が用いられる．ところが，ブラウン運動の特性から，積分の定義にいくつかの可能性がでてくる．そのなかで最も本質的かつよく用いられているのが，伊藤清教授（1915–2008）による伊藤積分である．何も断らずに確率積分といえば，通常それは伊藤積分を意味する．この章では，伊藤積分の基礎を学ぶ．

2.1 ブラウン運動による積分

$W = W(t)$ $(t \geq 0)$ を標準ブラウン運動とする．ブラウン運動に関して，微分 "$\dfrac{d}{dt}W(t)$" は存在しないことを見た．それではブラウン運動による積分，たとえば

$$\int_0^T f(t, W(t))\,dW(t)$$

を定義することは可能だろうか．ただし $T > 0$ とする．

実はこの積分の定義は可能であり，**伊藤積分** (Itô integral) または**確率積分** (stochastic integral) として知られている．とはいえ，これから見るように，その積分の定義にはなかなか微妙な問題がある．以下では，2 変数関数 $f = f(t, x)$ の x 変数は常に $x = W(t)$ とするため，記号を簡単にするため単に連続関数 $f = f(t)$ に対しての積分 $\int_0^T f(t)dW(t)$ を考察する．

🍂 リーマン・スティルチェス積分

積分 $\int_0^T f(t)\,dW(t)$ の定義に入る前に，もしもブラウン運動 W によるのではなく，通常の関数 $g = g(t)$ を用いた積分

$$\int_0^T f(t)\,dg(t)$$

ならば，どのように定義されるのか見ておこう．ここで簡単のため，$f(t)$ は連続とし，また $g(t)$ は連続微分可能，すなわち，$g(t)$ は微分可能でありその導関数 $g'(t)$ は連続であるとする．区間 $[0, T]$ を，次のように小区間に分割する．

$$0 = t_0 < t_1 < t_2 < \cdots < t_{n-1} < t_n = T$$

ここで

$$\Delta_n := \max_{k=0,1,\cdots,n-1}(t_{k+1} - t_k)$$

を，この分割の幅という．各小区間から $\xi_k \in [t_k, t_{k+1}]$ ($k = 0, 1,$ $\cdots, n-1$) を任意に選んで，f の g に関するリーマン和 (Riemann sum)

$$S_n^{f,g} := \sum_{k=0}^{n-1} f(\xi_k)(g(t_{k+1}) - g(t_k))$$

を定める．

$\Delta_n \to 0$ を満たしながら $n \to \infty$ としよう．つまり，小区間の幅が 0 となるように，区間 $[0, T]$ の分割を細かくしよう．このとき，$S_n^{f,g}$ の値が，$\{\xi_k\}_{k=0,1,\cdots,n}$ の選び方によらないで一意的に定まるならば，その極限値

$$S^{f,g} := \lim_{n \to \infty} S_n^{f,g}$$

を，f の g に関するリーマン・スティルチェス積分 (Riemann-Stiltjes integral) といい

$$\int_0^T f(t)\,dg(t) := S^{f,g} = \lim_{n \to \infty} S_n^{f,g}$$

などと表す．

特に $g(t) \equiv t$ のときは通常のリーマン積分 (Riemann integral) となる．また，f, g に適当な微分可能性を仮定すれば，部分積分や置換積分も通常の積分と同様に行うことができる．

例題 2.1

$f(t) = t^2$, $g(t) = e^{-t}$ であるとき
$$\int_0^T f(t)\,dg(t)$$
を計算せよ．

[解] 2通りの方法で計算してみる．まず，$dg(t) = g'(t)dt$ なので

$$\int_0^T f(t)dg(t) = \int_0^T t^2 \cdot (-1)e^{-t}dt = \left[t^2 e^{-t}\right]_0^T - \int_0^T 2te^{-t}dt$$

$$= T^2 e^{-T} + \left[2te^{-t}\right]_0^T - 2\int_0^T e^{-t}dt$$

$$= (T^2 + 2T + 2)e^{-T} - 2$$

もうひとつは，部分積分を先に行うと

$$\int_0^T f(t)dg(t) = \left[f(t)g(t)\right]_0^T - \int_0^T g(t)df(t)$$

$$= T^2 e^{-T} - \int_0^T e^{-t} \cdot 2t\,dt$$

$$= (T^2 + 2T + 2)e^{-T} - 2$$

当然であるが答えは一致する． □

問題 2.2

f が連続でなければ，積分 $\int_0^T f(t)dg(t)$ は，もはや存在しない場合がある．たとえば

$$f(t) = \begin{cases} 1 & (t \text{ が有理数}) \\ 0 & (t \text{ が無理数}) \end{cases}$$

のとき，リーマン積分 $\int_0^T f(t)dt$ は存在しない．理由を述べよ．

ブラウン運動による積分

ブラウン運動による積分 $\int_0^T f(t)\,dW(t)$ に対しても，リーマン・スティルチェス積分にならって定義すればよいだろうと想像がつく．すなわち，まず区間 $[0, T]$ を

$$0 = t_0 < t_1 < t_2 < \cdots < t_{n-1} < t_n = T$$

と分割する．そうして

$$\int_0^T f(t)\,dW(t) = \lim_{n\to\infty} \sum_{k=0}^{n-1} f(\xi_k)(W(t_{k+1}) - W(t_k)) \quad (2.1)$$

において，右辺が存在するときに左辺を定めるとすればよい．ただし，$\xi_k \in [t_k, t_{k+1}]$ $(k = 0, 1, \cdots, n-1)$ であり，$n \to \infty$ は $\Delta_n = \max_{k=0,1,\cdots,n-1}(t_{k+1} - t_k) \to 0$ を満たしながら極限移行を行うとする．

この考え方は，実はこのままではうまく行かない．というのは，積分 $\int_0^T f(t)\,dW(t)$ の値が，点 $\{\xi_k\}$ の選び方によって異なり得るからである．実際に極限値が確定しないことを，比較的単純な積分

$$\int_0^T W(t)\,dW(t)$$

を例として確かめてみよう．部分和は

$$\sum_{k=0}^{n-1} W(\xi_k)(W(t_{k+1}) - W(t_k)) \quad (2.2)$$

である．$\{\xi_k\}$ の選び方としていくつかの場合を考える．以下の計算に用いられるブラウン運動の性質は，$\sqrt{t}$ 法則

$$(dW(t))^2 = dt$$

である．特に，$\Delta_n \to 0$ のとき

$$(W(t_{k+1}) - W(t_k))^2 \to t_{k+1} - t_k$$

の形で用いる．

<u>その1</u>　$\xi_k = t_k$ とする．すなわち，ξ_k を各小区間 $[t_k, t_{k+1}]$ の左端の点とする．このとき，$n \to \infty$ とすると，$W(0) = 0$ に注意して

$$\sum_{k=0}^{n-1} W(t_k)(W(t_{k+1}) - W(t_k))$$
$$= \frac{1}{2}\sum_{k=0}^{n-1}\left\{W(t_{k+1})^2 - W(t_k)^2\right\} - \frac{1}{2}\sum_{k=0}^{n-1}(W(t_{k+1}) - W(t_k))^2$$
$$\to \frac{1}{2}W(T)^2 - \frac{1}{2}\sum_{k=0}^{n-1}(t_{k+1} - t_k) = \frac{1}{2}W(T)^2 - \frac{1}{2}T$$

<u>その2</u>　$\xi_k = t_{k+1}$ とする．すなわち，ξ_k を各小区間 $[t_k, t_{k+1}]$ の右端の点とする．このとき

$$\sum_{k=0}^{n-1} W(t_{k+1})(W(t_{k+1}) - W(t_k))$$
$$= \frac{1}{2}\sum_{k=0}^{n-1}\left\{W(t_{k+1})^2 - W(t_k)^2\right\} + \frac{1}{2}\sum_{k=0}^{n-1}(W(t_{k+1}) - W(t_k))^2$$
$$\to \frac{1}{2}W(T)^2 + \frac{1}{2}\sum_{k=0}^{n-1}(t_{k+1} - t_k) = \frac{1}{2}W(T)^2 + \frac{1}{2}T$$

以上の例からも，積分 $\int_0^T f(t)\,dW(t)$ の値が，点 $\{\xi_k\}$ の選び方によって異なることがわかる．

問題 2.3
部分和 (2.2) において，$\xi_k = \frac{1}{2}(t_k + t_{k+1})$ としたとき，すなわち，ξ_k を各小区間 $[t_k, t_{k+1}]$ の中点としたとき，$n \to \infty$ とすれば

$$\sum_{k=0}^{n-1} W\Big(\frac{1}{2}(t_k + t_{k+1})\Big)(W(t_{k+1}) - W(t_k))$$
$$\to \frac{1}{2}W(T)^2$$

となることを示せ．

この例からも，ブラウン運動による積分では何らかの規則を設ける必要のあることがわかる．

伊藤積分あるいは確率積分では<u>その1</u>の方法，すなわち，式 (2.1) において ξ_k を各小区間 $[t_k, t_{k+1}]$ の左端の点 $\xi_k = t_k$ とする．よって

$$\int_0^T f(t)\,dW(t) = \lim_{n\to\infty} \sum_{k=0}^{n-1} f(t_k)(W(t_{k+1}) - W(t_k)) \quad (2.3)$$

により積分 $\int_0^T f(t)\,dW(t)$ を定めるものである．被積分関数 $f = f(t)$ はどこまで許されるのか，などの詳しい定義は次節で行う．

以後，伊藤積分といえば，各小区間で左端の点を選ぶという約束のもとでの積分とする．

よって特に，伊藤積分のもとでは

$$\int_0^T W(t)dW(t) = \frac{1}{2}W(T)^2 - \frac{1}{2}T$$

が成り立つ．通常の積分と異なる点は，$-\dfrac{T}{2}$ の項が現れることである．

問題 2.4

伊藤積分の定義により次を示せ.
$$\int_0^T t\,dW(t) = TW(T) - \int_0^T W(t)\,dt$$

2.2 伊藤積分

前節では伊藤積分の考え方を示し，単純な場合に実際の計算例を与えた．ここでは，応用上も有用な一般の被積分関数 $f = f(t)$ の集合に対して，伊藤積分 $\int_0^T f(t)dW(t)$ の定義式（2.3）を正当化しよう．

単関数の場合

まず $f = f(t)$ が単関数の場合を考えよう．すなわち，$0 = t_0 < t_1 < \cdots < t_n = T$ が存在し，$t_k \leq t < t_{k+1}$ のとき $f(t) = f(t_k)$ が成り立つとする．ただし，$\{f(t_k)\}_{k=0,1,\cdots,n-1}$ は次の条件を満たすとする．

(1) $f(t_k)$ は $\{W(t)\}_{0 \leq t \leq t_k}$ で与えられる情報と適合している．

(2) $j \leq k$ に対して $f(t_j)$ と未来の増分 $W(t_{k+1}) - W(t_k)$ は独立である．

(3) $\displaystyle\sum_{k=0}^{n-1} E[f(t_k)^2] < \infty$

(1) の意味は，すぐ後でより詳しく考える（定義 2.8 参照）．

このとき

$$\int_0^T f(t)dW(t) = \sum_{k=0}^{n-1} f(t_k)(W(t_{k+1}) - W(t_k))$$

である．次が成り立つ．

命題 2.5

単関数 f に対して
(1) $E\left[\int_0^T f(t)dW(t)\right] = 0$

(2) $E\left[\left(\int_0^T f(t)dW(t)\right)^2\right] = E\left[\int_0^T f(t)^2 dt\right]$

が成り立つ．

[証明]　簡単のため $f_k = f(t_k)$ とおく．
(1) f_k と $W(t_{k+1}) - W(t_k)$ は独立なので，$E[W(t)] = 0$ に注意すると

$$E\left[\int_0^T f(t)dW(t)\right] = \sum_{k=0}^{n-1} E[f_k(W(t_{k+1}) - W(t_k))]$$
$$= \sum_{k=0}^{n-1} E[f_k]E[W(t_{k+1}) - W(t_k)] = 0$$

となる．

(2) まず

$$\Big(\sum_{k=0}^{n-1} f_k(W(t_{k+1}) - W(t_k))\Big)^2$$
$$= \sum_{j,k=0}^{n-1} f_j f_k(W(t_{j+1}) - W(t_j))(W(t_{k+1}) - W(t_k))$$
$$= \sum_{k=0}^{n-1} f_k^2(W(t_{k+1}) - W(t_k))^2$$
$$\quad + 2\sum_{j<k} f_j f_k(W(t_{j+1}) - W(t_j))(W(t_{k+1}) - W(t_k))$$

に注意する．f_k^2 と $(W(t_{k+1})-W(t_k))^2$ は独立であり，$E[(W(t_{k+1})-W(t_k))^2] = t_{k+1} - t_k$ である．また，$j<k$ のとき $f_j f_k(W(t_{j+1}) - W(t_j))$ と $W(t_{k+1}) - W(t_k)$ は独立なので

$$E\Big[\Big(\int_0^T f(t)dW(t)\Big)^2\Big]$$
$$= E\Big[\sum_{k=0}^{n-1} f_k^2(W(t_{k+1}) - W(t_k))^2\Big]$$
$$\quad + 2E\Big[\sum_{j<k} f_j f_k(W(t_{j+1}) - W(t_j))(W(t_{k+1}) - W(t_k))\Big]$$
$$= \sum_{k=0}^{n-1} E[f_k^2] E[(W(t_{k+1}) - W(t_k))^2]$$
$$\quad + 2\sum_{j<k} E[f_j f_k(W(t_{j+1}) - W(t_j))] E[W(t_{k+1}) - W(t_k)]$$
$$= \sum_{k=0}^{n-1} E[f_k^2](t_{k+1} - t_k) = E\Big[\int_0^T f(t)^2 dt\Big]$$

となる． □

問題 2.6

単関数 f, g に対して，等式

$$E\Big[\Big(\int_0^T f(t)dW(t)\Big)\Big(\int_0^T g(t)dW(t)\Big)\Big] = E\Big[\int_0^T f(t)g(t)dt\Big]$$

を示せ．

例題 2.7

確率的でない，すなわち，決定論的な単関数 f に対して

$$\int_0^T f(t)dW(t)$$

は，正規分布 $N\Big(0, \int_0^T f(t)^2 dt\Big)$ に従うことを示せ．

[解] 定義より

$$\int_0^T f(t)dW(t) = \sum_{k=0}^{n-1} f(t_k)(W(t_{k+1}) - W(t_k))$$

なので，右辺の独立な正規分布の線形結合として，$\int_0^T f(t)dW(t)$ は正規分布に従う．

$$E\Big[\int_0^T f(t)dW(t)\Big] = 0$$

$$V\Big[\int_0^T f(t)dW(t)\Big] = E\Big[\Big(\int_0^T f(t)dW(t)\Big)^2\Big] = E\Big[\int_0^T f(t)^2 dt\Big]$$
$$= \int_0^T f(t)^2 dt$$

なので，それは正規分布 $N\Big(0, \int_0^T f(t)^2 dt\Big)$ に従う． □

2 乗可積分関数の場合

さて，我々が取り扱うべき関数 f の集合は，単関数の場合にならって次の定義で与えられる．

定義 2.8

伊藤積分 $\int_0^T f(t)dW(t)$ における f は次の性質を満たすとする．このとき，$f \in \mathcal{L}^2(0, T)$ と定める．

(1) $f(t)$ は，$\{W(s)\}_{0 \leq s \leq t}$ で生成される σ-加法族（定義 6.1）に関して可測である．

(2) 任意の $s \leq t < u$ に対して，$f(s)$ は未来の増分 $W(u) - W(t)$ と独立である．

(3) $\int_0^T E[f(t)^2]dt < \infty$.

(1) の性質を，$f(t)$ は $\{W(s)\}_{0 \leq s \leq t}$ と適合している (adapted) という．また，(3) は f が 2 乗可積分ということである．

次の命題は基本的である．証明なしに述べておこう．

命題 2.9

任意の $f \in \mathcal{L}^2(0, T)$ に対して，伊藤積分が定義可能な単関数の列 $\{f_n\}_{n=1,2,\cdots}$ で

$$\lim_{n \to \infty} E\Big[\int_0^T |f(t) - f_n(t)|^2 dt\Big] = 0$$

となるものが存在する．

この命題により，一般の $f \in \mathcal{L}^2(0, T)$ に対して，伊藤積分 $\int_0^T f(t)dW(t)$ を次のように定義する．

定義 2.10

任意の $f \in \mathcal{L}^2(0,T)$ に対して

$$\lim_{n \to \infty} E\Big[\int_0^T |f(t) - f_n(t)|^2 dt\Big] = 0$$

を満たす単関数の列 $\{f_n\}_{n=1,2,\ldots}$ を取る．このとき

$$\lim_{n \to \infty} E\Big[\Big(\int_0^T f_n(t)dW(t) - I\Big)^2\Big] = 0$$

を満たす確率変数 I が定まる．この I を

$$I = \int_0^T f(t)dW(t)$$

と表し，f のブラウン運動 $W(t)$ に関する伊藤積分という．

I が単関数の列 $\{f_n\}_{n=1,2,\ldots}$ の取り方に依存せず定まることは認めておく．

一般の $f \in \mathcal{L}^2(0,T)$ に対しても，極限操作により，単関数の場合と同様な性質が成り立つ．以下にまとめておく．

定理 2.11

任意の $f, g \in \mathcal{L}^2(0,T)$ に対して次が成り立つ．

(1) $E\Big[\int_0^T f(t)dW(t)\Big] = 0$

(2) $E\Big[\Big(\int_0^T f(t)dW(t)\Big)^2\Big] = E\Big[\int_0^T f(t)^2 dt\Big]$

(3) $E\Big[\Big(\int_0^T f(t)dW(t)\Big)\Big(\int_0^T g(t)dW(t)\Big)\Big]$
$= E\Big[\int_0^T f(t)g(t)dt\Big]$

特に (2) の性質を，伊藤積分の等長性という．

🌿 伊藤積分の性質

伊藤積分に関して，次の性質が成り立つ．これらの通常の積分と同様な性質を実際に示すには極限操作を用いる．ここで認めておく．詳しくは，B. エクセンダール（1999 年）などを参照のこと．

命題 2.12

$f, g \in \mathcal{L}^2(0,T)$ に対して次が成り立つ．（ただし，$\alpha, \beta \in \mathbb{R}$）

(i) $\displaystyle \int_0^t f(u)dW(u) = \int_0^s f(u)dW(u) + \int_s^t f(u)dW(u)$

(ii) $\displaystyle \int_0^t (\alpha f(u) + \beta g(u))dW(u)$
$\displaystyle = \alpha \int_0^t f(u)dW(u) + \beta \int_0^t g(u)dW(u)$

2.3 計算例と問題

🌿 伊藤積分の計算

例題 2.13

次の等式を確かめよ．
(1) $\displaystyle E\left[\int_0^T W(t)dW(t)\right] = 0$

(2) $E\left[\left(\int_0^T W(t)dW(t)\right)^2\right] = \dfrac{1}{2}T^2$

[解] ともに2通りの考え方で確かめる．まず，(1) では
$$\int_0^T W(t)dW(t) = \frac{1}{2}W(T)^2 - \frac{1}{2}T$$
に注意すると
$$E\left[\int_0^T W(t)dW(t)\right] = \frac{1}{2}E[W(T)^2] - \frac{1}{2}T = \frac{1}{2}T - \frac{1}{2}T = 0$$
である．もちろん，伊藤積分の性質を用いればほぼ自明である．

次に，(2) では
$$\begin{aligned} E\left[\left(\int_0^T W(t)dW(t)\right)^2\right] &= \frac{1}{4}E[(W(T)^2 - T)^2] \\ &= \frac{1}{4}E[W(T)^4 - 2TW(T)^2 + T^2] = \frac{1}{4}(3T^2 - 2T\cdot T + T^2) \\ &= \frac{1}{2}T^2 \end{aligned}$$
となる．ただし，$E[W(t)^4] = 3t^2$ を用いた．伊藤積分の性質を用いれば
$$\begin{aligned} E\left[\left(\int_0^T W(t)dW(t)\right)^2\right] &= E\left[\int_0^T W(t)^2 dt\right] \\ &= \int_0^T E[W(t)^2]dt = \int_0^T t\,dt = \frac{1}{2}T^2 \end{aligned}$$
である． □

例題 2.14

次の等式を示せ．
$$\int_0^T W(t)^2 dW(t) = \frac{1}{3}W(T)^3 - \int_0^T W(t)dt$$

[解] 恒等式

$$a^2(b-a) = \frac{1}{3}(b^3 - a^3) - a(b-a)^2 - \frac{1}{3}(b-a)^3$$

により

$$\int_0^T W(t)^2 dW(t) = \lim_{n\to\infty} \sum_{k=0}^{n-1} \Big\{ \frac{1}{3}(W(t_{k+1})^3 - W(t_k)^3)$$
$$- W(t_k)(W(t_{k+1}) - W(t_k))^2 - \frac{1}{3}(W(t_{k+1}) - W(t_k))^3 \Big\}$$

となる.

$$\sum_{k=0}^{n-1} \frac{1}{3}(W(t_{k+1})^3 - W(t_k)^3) = \frac{1}{3}W(T)^3$$

$$\lim_{n\to\infty} \sum_{k=0}^{n-1} W(t_k)(W(t_{k+1}) - W(t_k))^2 = \int_0^T W(t) dt$$

であり,また,$\max_{k=0,1,\cdots,n-1} |W(t_{k+1}) - W(t_k)| \to 0 \ (n \to \infty)$,および $(W(t_{k+1}) - W(t_k))^2 \sim (t_{k+1} - t_k)$ により

$$\lim_{n\to\infty} \sum_{k=0}^{n-1} (W(t_{k+1}) - W(t_k))^3 = 0$$

である.以上をまとめると結論を得る. □

問題

問題 2.15

次の等式を示せ.

$$\int_0^T W(t)^3 dW(t) = \frac{1}{4}W(T)^4 - \frac{3}{2}\int_0^T W(t)^2 dt$$

問題 2.16

次の伊藤積分が従う分布を求めよ.

(1) $\int_0^T \sqrt{t} dW(t)$

(2) $\int_0^T e^t dW(t)$

問題 2.17

確率的でない,すなわち,決定論的である実数値連続微分可能な f に対して

$$\int_0^T f(t)dW(t) = f(T)W(T) - \int_0^T W(t)f'(t)dt$$

を示せ.

第3章

伊藤の公式

　伊藤の公式は，確率解析全般のなかでも基本的かつ重要な道具である．微分形で表される場合も多いが，その意味付けは，伊藤積分を用いた積分形の方にある．この章では，伊藤の公式の基本事項を，例題や問題を通して使いこなせるようになるまで学習する．それとともに，与えられた情報のもとで最適な期待値を考察するために必要な概念である条件付き平均を取り上げる．さらには，公平な賭けに由来するマルチンゲールについて考察する．

3.1 伊藤の公式

標準ブラウン運動 $W = W(t)$ $(t \geq 0)$ を用いた算法では，通常の微分積分の算法とは異なることを見た．例えば

$$W(t)^2 = t + 2\int_0^t W(s)dW(s)$$

が成り立つことが示された．通常の微分積分の場合であったならば，右辺第1項は存在しなかっただろう．

この節では，ブラウン運動を含むこのような算法，特に伊藤の公式について考察する．

伊藤過程

まず，考察すべき確率過程の族を明確にしておこう．

定義 3.1

連続な道をもつ確率過程 $X = X(t)$ が伊藤過程であるとは

$$X(t) = X(0) + \int_0^t \mu(s)ds + \int_0^t \sigma(s)dW(s)$$

と表されるときをいう．ここで，$\sigma \in \mathcal{L}^2(0,T)$ であり，また，$\mu = \mu(t)$ は $\{W(s), 0 \leq s \leq t\}$ で生成される σ-加法族 $\sigma(\{W(s), s \leq t\})$ と適合し，$\int_0^T |\mu(t)|dt < \infty$ を満たすとする．

この定義における積分で定められた伊藤過程 $X(t)$ は，通常，次のような微分形で表される場合も多い．

$$dX(t) = \mu(t)dt + \sigma(t)dW(t) \qquad (3.1)$$

この微分形式 $dX(t)$ を，伊藤の確率微分を呼ぶこともある．$\mu(t)dt$ はドリフト (drift) 項と呼ばれ，確定的な変化を表す項である．一方，$\sigma(t)dW(t)$ は不確定な変動を表す項である．$\sigma(t)$ は，ボラティリティと呼ばれることもある（§5.1 参照）．

たとえば，先の例

$$W(t)^2 = t + 2\int_0^t W(s)dW(s)$$

に対しては，微分形は

$$d(W(t)^2) = dt + 2W(t)dW(t)$$

である．

名高い伊藤の公式は，滑らかな2変数関数 $F = F(t,x)$ に対して，伊藤過程を用いて得られた新しい確率過程 $Z(t) = F(t, X(t))$ が，どのように表されるかを明示するものである．

伊藤の公式-単純な場合

最初に，最も単純な伊藤過程，すなわち，標準ブラウン運動 $W = W(t)$ に対して，新しい確率過程 $Z(t) = F(t, W(t))$ がどうなるか考察しよう．

定理 3.2

2変数関数 $F = F(t,x)$ $(t \geq 0, x \in \mathbb{R})$ は2階連続微分可能とする．このとき

$$F(t,W(t)) - F(0,W(0))$$
$$= \int_0^t \Big(\frac{\partial F}{\partial s}(s,W(s)) + \frac{1}{2}\frac{\partial^2 F}{\partial x^2}(s,W(s))\Big)ds$$
$$+ \int_0^t \frac{\partial F}{\partial x}(s,W(s))dW(s)$$

が成り立つ．すなわち，微分形では

$$dF(t,W(t))$$
$$= \Big(\frac{\partial F}{\partial t}(t,W(t)) + \frac{1}{2}\frac{\partial^2 F}{\partial x^2}(t,W(t))\Big)dt$$
$$+ \frac{\partial F}{\partial x}(t,W(t))dW(t)$$

が成り立つ．

---

2 変数関数 F に関する微分可能性の条件は，もう少し弱めることもできるが，応用上は上の形でも特に問題ないだろう．

この定理の証明は，後で一般の場合で与える証明に含まれるので (p.51 以下参照)，ここでは認めておくことにする．

伊藤の公式の特徴を考えよう．ブラウン運動 $W(t)$ ではなく，通常の実数変数 x に対してならば，合成関数の微分法により，F の全微分は

$$dF(t,x) = \frac{\partial F}{\partial t}(t,x)dt + \frac{\partial F}{\partial x}(t,x)dx$$

となる．ブラウン運動 $W(t)$ を含む伊藤の公式では，修正項

$$\frac{1}{2}\frac{\partial^2 F}{\partial x^2}(t,x)dt$$

の現れるところが重要である．このことは，2 変数のテイラー展開（微積分の教科書を参照のこと）により

$$dF(t,W(t)) = d(F(t,W(t)) - F(0,W(0)))$$
$$= \frac{\partial F}{\partial t}(t,W(t))dt + \frac{\partial F}{\partial x}(t,W(t))dW(t)$$
$$+ \frac{1}{2}\Big(\frac{\partial^2 F}{\partial t^2}(t,W(t))(dt)^2 + 2\frac{\partial^2 F}{\partial t\partial x}(t,W(t))(dtdW(t))$$
$$+ \frac{\partial^2 F}{\partial x^2}(t,W(t))(dW(t))^2\Big)$$

において

$$(dt)^2 = 0, \ dtdW(t) = (dt)^{\frac{3}{2}} = 0, \ (dW(t))^2 = dt \quad (3.2)$$

と置き換えることにより得られることがわかる．ここでも，ブラウン運動の $\sqrt{t}$ 法則が効いていることが理解できる．

例題 3.3

$F(W(t)) = e^{W(t)}$ に対して $dF(W(t))$ を求めよ．

[解] $F(x) = e^x$ として，伊藤の公式により

$$d(e^{W(t)}) = e^{W(t)}dW(t) + \frac{1}{2}e^{W(t)}dt$$

すなわち

$$dF(W(t)) = \frac{1}{2}F(W(t))dt + F(W(t))dW(t)$$

を得る． □

問題 3.4

$d(W(t)^n)$ $(n = 2, 3, \cdots)$ を求めよ．

伊藤の公式

前に §3.1 で出てきた伊藤過程

$$dX(t) = \mu(t)dt + \sigma(t)dW(t)$$

に対して，伊藤の公式を考えよう．

定理 3.5

2 変数関数 $F = F(t,x)$ $(t \geq 0, x \in \mathbb{R})$ は 2 階連続微分可能とする．このとき，$Z(t) = F(t, X(t))$ は伊藤過程となり，さらに

$$\begin{aligned}
&F(t, X(t)) - F(0, X(0)) \\
&= \int_0^t \Big(\frac{\partial F}{\partial s}(s, X(s)) + \frac{\partial F}{\partial x}(s, X(s))\mu(s) \\
&\qquad + \frac{1}{2}\frac{\partial^2 F}{\partial x^2}(s, X(s))\sigma(s)^2\Big)ds \\
&\quad + \int_0^t \frac{\partial F}{\partial x}(s, X(s))\sigma(s)dW(s) \\
&= \int_0^t \Big(\frac{\partial F}{\partial s}(s, X(s)) + \frac{1}{2}\frac{\partial^2 F}{\partial x^2}(s, X(s))\sigma(s)^2\Big)ds \\
&\quad + \int_0^t \frac{\partial F}{\partial x}(s, X(s))dX(s)
\end{aligned}$$

が成り立つ．すなわち，微分形では

$$dF(t,X(t))$$
$$= \Big(\frac{\partial F}{\partial t}(t,X(t)) + \frac{\partial F}{\partial x}(t,X(t))\mu(t) + \frac{1}{2}\frac{\partial^2 F}{\partial x^2}(t,x(t))\sigma(t)^2\Big)dt$$
$$+ \frac{\partial F}{\partial x}(t,X(t))\sigma(t)dW(t)$$
$$= \Big(\frac{\partial F}{\partial t}(t,X(t)) + \frac{1}{2}\frac{\partial^2 F}{\partial x^2}(t,x(t))\sigma(t)^2\Big)dt$$
$$+ \frac{\partial F}{\partial x}(t,X(t))dX(t)$$

が成り立つ.

[**考え方**] 近似することにより,最初から

$$F,\ \frac{\partial F}{\partial t},\ \frac{\partial F}{\partial x},\ \frac{\partial^2 F}{\partial x^2} \quad \text{はすべて有界}$$

$$\mu(t),\ \sigma(t) \quad \text{は単関数}$$

と仮定してよい.この近似の議論は,典型的な作業ではあるが,やや技術的なものでもあるので,今は認めておく.

$$0 = t_0 < t_1 < t_2 < \cdots < t_n = t$$

を区間 $[0,t]$ の分割とし,各小区間 $[t_k, t_{k+1}]$ $(k=0,1,\cdots,n-1)$ において

$$\mu_k = \mu(t_k), \qquad \sigma_k = \sigma(t_k)$$

は一定とする.テイラー展開により

$$F(t, X(t)) - F(0, X(0))$$
$$= \sum_{k=0}^{n-1} \left(\frac{\partial F}{\partial t} \Delta t_k + \frac{\partial F}{\partial x} \Delta X_k \right)$$
$$+ \frac{1}{2} \sum_{k=0}^{n-1} \left(\frac{\partial^2 F}{\partial t^2} (\Delta t_k)^2 + 2 \frac{\partial F^2}{\partial t \partial x} \Delta t_k \Delta X_k + \frac{\partial^2 F}{\partial x^2} (\Delta X_k)^2 \right) + \sum_{k=0}^{n-1} R_k$$

ただし，
$$\Delta t_k = t_{k+1} - t_k, \qquad \Delta X_k = X(t_{k+1}) - X(t_k)$$

とし，$\sum_{k=0}^{n-1}$ のうちの $\frac{\partial F}{\partial t}, \frac{\partial F}{\partial x}, \cdots$ などは $(t_k, X(t_k))$ における値であるとする．また

$$R_k = o(|\Delta t_k|^2 + |\Delta X(t_k)|^2)$$

は微小な残余項である．ここで，$o(k)$ は $\lim_{k \to 0} \frac{o(k)}{k} = 0$ を満たす．

分割の幅 $\Delta_n = \max_{k=0,1,\cdots,n-1} \Delta t_k \to 0$ のとき

$$\sum_{k=0}^{n-1} \frac{\partial F}{\partial t}(t_k, X(t_k)) \Delta t_k \to \int_0^t \frac{\partial F}{\partial s}(s, X(s)) ds$$
$$\sum_{k=0}^{n-1} \frac{\partial F}{\partial x}(t_k, X(t_k)) \Delta X_k \to \int_0^t \frac{\partial F}{\partial x}(s, X(s)) dX(s)$$

となる．また，$R_k \to 0$ であり，

$$\sum_{k=0}^{n-1} \frac{\partial^2 F}{\partial t^2}(t_k, X(t_k))(\Delta t_k)^2 \to 0$$
$$\sum_{k=0}^{n-1} \frac{\partial^2 F}{\partial t \partial x}(t_k, X(t_k)) \Delta t_k \Delta X_k \to 0$$

もわかる．一方，$(\Delta W(t))^2 = \Delta t$ を用いれば

$$(\Delta X_k)^2 = \mu_k^2(\Delta t_k)^2 + 2\mu_k\sigma_k\Delta t_k\Delta X_k + \sigma_k^2(\Delta W_k)^2 = \sigma_k^2\Delta t_k$$

となるので

$$\sum_{k=0}^{n-1}\frac{\partial^2 F}{\partial x^2}(t_k, X(t_k))(\Delta X_k)^2 \to \int_0^t \frac{\partial^2 F}{\partial x^2}(s, X(s))\sigma(s)^2 ds$$

を得る．ここの収束の議論は，正確にはもちろん厳密に各項を評価する必要があるが，今はそれほど気にせずに，考え方の把握に集中しよう．ともあれ，以上をまとめると定理を得る． □

上の考え方でも有効だったのは，

$$(dX(t))^2 = \mu(t)^2(dt)^2 + 2\mu(t)\sigma(t)dtdW(t) + \sigma(t)^2(dW(t))^2$$
$$= \sigma(t)^2 dt$$

すなわち，

$$(dt)^2 = 0, \quad dtdW(t) = 0, \quad (dW(t))^2 = dt$$

という算法（式（3.2））であることに注意しよう．

例題 3.6

$X(t) = e^{-\frac{1}{2}t + W(t)}$ に対して $dX(t) = X(t)dW(t)$ となることを確かめよ．

[解] 伊藤の公式により

$$dX(t) = -\frac{1}{2}e^{-\frac{1}{2}t+W(t)}dt + e^{-\frac{1}{2}t+W(t)}dW(t) + \frac{1}{2}e^{-\frac{1}{2}t+W(t)}(dW(t))^2$$
$$= -\frac{1}{2}X(t)dt + X(t)dW(t) + \frac{1}{2}X(t)dt = X(t)dW(t)$$

となる． □

例題 3.7

$E[W(t)^4]$ を，伊藤の公式を用いて求めよ（例題 1.17 参照）．

[解] $Z(t) = W(t)^4$ とおくと，伊藤の公式により

$$dZ(t) = 6W(t)^2 dt + 4W(t)^3 dW(t)$$

すなわち，$Z(0) = 0$ から

$$Z(t) = 6\int_0^t W(s)^2 ds + 4\int_0^t W(s)^3 dW(s)$$

となる．両辺の期待値を取れば

$$\begin{aligned}E[Z(t)] &= 6\int_0^t E[W(s)^2]ds + 4\int_0^t E[W(s)^3 dW(s)] \\ &= 6\int_0^t s\, ds = 3t^2\end{aligned}$$

を得る． □

3.2 条件付き平均

ある情報を得たとき，その情報のもとでの最適な期待値を求めようとする．その際に，条件付き平均（条件付き期待値とも呼ばれる）の考え方は必須である．この節では，条件付き平均について考えよう．

🌳 事象に対する条件付き平均

まず，情報が事象（p.128 参照）の場合の定義から始めよう．

3.2 条件付き平均

定義 3.8

確率変数 X, および確率が $P(B) \neq 0$ である事象 B が与えられているとき

$$E[X \mid B] = \frac{1}{P(B)} \int_B X(\omega) dP(\omega)$$

を，事象 B に対する X の条件付き平均 (conditional mean)，あるいは条件付き期待値 (conditional expectation) という．

条件付き平均について，次の性質が成り立つ．証明なしに述べておこう．

命題 3.9

X, Y を確率変数，B を事象とする．

(1) $\alpha, \beta \in \mathbb{R}$ に対して

$$E[\alpha X + \beta Y | B] = \alpha E[X|B] + \beta E[Y|B]$$

(2) $X = c1_B$ (c は定数) ならば

$$E[XY|B] = cE[Y|B]$$

(3) $X = 1_A$ (A は事象) ならば

$$E[X|B] = P(A|B) = \frac{P(A \cap B)}{P(B)}$$

(条件付き確率, p.130 参照)

ただし，上で 1_B は指示関数 (indicator) などと呼ばれ

$$1_B(x) = \begin{cases} 1 & x \in B \\ 0 & x \notin B \end{cases}$$

により定められる．

例題 3.10

10 円玉，50 円玉，100 円玉，各 1 枚合計 3 枚の硬貨を同時に投げる．表が出た硬貨の合計金額を X とする．2 つの硬貨が表が出たという条件のもとでの X の期待値を求めよ．

[解] 2 つの硬貨が表である事象を B とおくと，$P(B) = \dfrac{3}{8}$ である．よって

$$E[X|B] = \frac{1}{3/8}\left(\frac{10+50}{8} + \frac{50+100}{8} + \frac{100+10}{8}\right) = \frac{320}{3}$$

を得る． □

🌿 確率変数に対する条件付き平均

次に，確率変数 Z に対して条件付けられた平均を考えよう．まず，Z が離散型の場合，すなわち，Z は異なる値 $Z = z_1, z_2, \cdots$ を取り，各 $n = 1, 2, \cdots$ に対して $P(Z = z_n) \neq 0$ とする．このとき，Z に対する X の条件付き平均とは，確率変数

$$E[X|Z](\omega) = E[X|\{Z = z_n\}] \quad \text{ただし}, Z(\omega) = z_n$$

を意味する．特に，Z がただひとつの値 z をとる場合は，ある事象 B に対して $Z = z1_B$（1_B は指示関数）となるので，事象に対する条件付き平均に帰着する．

条件付き平均，あるいは条件付き期待値，という「値」を意味する用語であるが，実は確率変数であることに注意しよう．

この場合も，事象の場合と同様な命題が成立する．説明なしに述べておこう．

3.2 条件付き平均

命題 3.11

X, Y, Z は確率変数で，Z は離散型とする．

(1) $\alpha, \beta \in \mathbb{R}$ に対して

$$E[\alpha X + \beta Y | Z] = \alpha E[X|Z] + \beta E[Y|Z]$$

(2) $E[E[X|Z]] = E[X]$（Z の関数 $E[X|Z]$ の平均は $E[X]$）

(3) $X \geq 0$ ならば $E[X|Z] \geq 0$

(4) X と Z が独立ならば $E[X|Z] = E[X]$

(5) 実数値関数 g に対して $E[Xg(Z)|Z] = g(Z)E[X|Z]$

さらに，次の性質が成り立つ．

命題 3.12

X, Z は確率変数で，Z は離散型とする．

(1) $E[X|Z]$ は $\sigma(Z)$-可測である．

(2) 任意の $A \in \sigma(Z)$ に対して

$$\int_A E[X|Z]dP = \int_A XdP$$

[考え方] (2) については

$$\begin{aligned}
\int_{\{Z=z_n\}} E[X|Z]dP &= \int_{\{Z=z_n\}} E[X|\{Z=z_n\}]dP \\
&= \int_{\{Z=z_n\}} \left(\frac{1}{P(Z=z_n)} \int_{\{Z=z_n\}} XdP\right) dP \\
&= \int_{\{Z=z_n\}} XdP
\end{aligned}$$

に注意する． □

では，確率変数 Z が必ずしも離散型でなく一般の場合を考えよう．このときは，上の命題の結論をもって定義とする．

定義 3.13

X, Z を確率変数とする．Z に対する X の条件付き平均とは，確率変数 $E[X|Z]$ で次を満たすものをいう．
（1）$E[X|Z]$ は $\sigma(Z)$-可測である．
（2）任意の $A \in \sigma(Z)$ に対して
$$\int_A E[X|Z]dP = \int_A XdP$$

(2) の性質により，確率変数 $E[X|Z]$ が一意に定まることはラドン・ニコディム (Radon-Nikodym) の定理（たとえば，森真 (2012年) §7.8 参照）より従う．

Z が一般の確率変数の場合でも，離散型とまったく同じ性質が成り立つ．先の命題で，離散型の過程を外せばよいだけである．

例題 3.14

標本空間を $\Omega = [0,1]$ とし，区間から生成される通常の σ-加法族をとる．確率変数 $X(x) = x^2$ $(x \in [0,1])$ を考える．次の確率変数 Z の場合に，条件付き平均 $E[X|Z]$ がどうなるか，それぞれ求めよ．

(1) $Z(z) = \begin{cases} 1 & (0 \leq z < \frac{1}{3}) \\ 0 & (\frac{1}{3} < z < \frac{2}{3}) \\ 2 & (\frac{2}{3} < z \leq 1) \end{cases}$, (2) $Z(z) = \begin{cases} 2 & (0 \leq z < \frac{1}{2}) \\ z & (\frac{1}{2} \leq z \leq 1) \end{cases}$

[解] (1) Z は離散型である.
$0 \leq z < \dfrac{1}{3}$ のときは
$$E[X|Z](z) = E\Big[X\Big|\Big[0,\dfrac{1}{3}\Big)\Big](z) = \dfrac{1}{1/3}\int_0^{\frac{1}{3}} x^2 dx = \dfrac{1}{27}$$
$\dfrac{1}{3} < z < \dfrac{2}{3}$ のときは
$$E[X|Z](z) = E\Big[X\Big|\Big(\dfrac{1}{3},\dfrac{2}{3}\Big)\Big](z) = \dfrac{1}{1/3}\int_{\frac{1}{3}}^{\frac{2}{3}} x^2 dx = \dfrac{7}{27}$$
$\dfrac{2}{3} < z \leq 1$ のときは
$$E[X|Z](z) = E\Big[X\Big|\Big(\dfrac{2}{3},1\Big]\Big](z) = \dfrac{1}{1/3}\int_{\frac{2}{3}}^{1} x^2 dx = \dfrac{19}{27}$$

(2) σ-加法族 $\sigma(Z)$ は，区間 $\Big[0,\dfrac{1}{2}\Big)$ と，$\Big[\dfrac{1}{2},1\Big]$ の任意の部分区間から成る.

よって，$0 \leq z < \dfrac{1}{2}$ のときは
$$E[X|Z](z) = E\Big[X\Big|\Big[0,\dfrac{1}{2}\Big)\Big] = \dfrac{1}{1/2}\int_0^{\frac{1}{2}} X(x)dx = 2\int_0^{\frac{1}{2}} x^2 dx = \dfrac{1}{12}$$
このとき
$$\int_0^{\frac{1}{2}} E[X|Z](z)dz = \int_0^{\frac{1}{2}} X(x)dx$$
が成り立つ.

また，$\dfrac{1}{2} \leq z \leq 1$ のときに，もし $E[X|Z] = X$ ならば，区間 $\Big[\dfrac{1}{2},1\Big]$ の任意の部分区間 $B \subset \Big[\dfrac{1}{2},1\Big]$ に対して
$$\int_B E[X|Z](z)dz = \int_B X(x)dx$$
となるので，$\dfrac{1}{2} \leq z \leq 1$ のときは実際に $E[X|Z] = X$ である. 以上をまとめて

$$E[X|Z](z) = \begin{cases} \frac{1}{12} & (0 \leq z < \frac{1}{2}) \\ z^2 & (\frac{1}{2} \leq z \leq 1) \end{cases}$$

がわかる. □

🌱 σ-加法族に対する条件付き平均

最後に, σ-加法族に対する条件付き確率を考えよう.

定義 3.15

X を, 確率空間 $(\Omega, \mathcal{F}, P)$ (定義 6.2) 上の確率変数で可積分とする. $\mathcal{G} \subset \mathcal{F}$ を部分 σ-加法族としたとき, $\mathcal{G}$ に対する X の条件付き平均とは, 次を満たす確率変数 $E[X|\mathcal{G}]$ のことをいう.

(1) $E[X|\mathcal{G}]$ は $\mathcal{G}$-可測である.
(2) 任意の $A \in \mathcal{G}$ に対して
$$\int_A E[X|\mathcal{G}] dP = \int_A X dP$$

次の性質が成り立つ. 証明は, たとえば成田清正 (2010 年) §5.2 を参照のこと.

命題 3.16

X, Y を, 確率空間 $(\Omega, \mathcal{F}, P)$ の上の確率変数とする. $\mathcal{H} \subset \mathcal{G}(\subset \mathcal{F})$ を部分 σ-加法族としたとき, 次が成立する.

(1) $\alpha, \beta \in \mathbb{R}$ に対して
$$E[\alpha X + \beta Y|\mathcal{G}] = \alpha E[X|\mathcal{G}] + \beta E[Y|\mathcal{G}]$$

(2) $E[E[X|\mathcal{G}]] = E[X]$

(3) X が $\mathcal{G}$-可測ならば $E[XY|\mathcal{G}] = XE[Y|\mathcal{G}]$

(4) X が $\mathcal{G}$ と独立ならば $E[X|\mathcal{G}] = E[X]$

(5) $E[E[X|\mathcal{G}]|\mathcal{H}] = E[X|\mathcal{H}]$ (tower property という)

(6) $X \geq 0$ ならば $E[X|\mathcal{G}] \geq 0$

問題 3.17

X が $\mathcal{G}$-可測であるとき，ほとんどいたるところ $E[X|\mathcal{G}] = X$ となることを示せ．

3.3 マルチンゲール

条件付き平均を確率過程に適用するとき，条件付けを行う σ-加法族も時間に依存すると考える方が好都合である．そうして，マルチンゲールという重要な概念を導入することができる．このために，時間 t に依存する σ-加法族の族，すなわちフィルトレーションについてまず考えよう．

🍀 フィルトレーション

確率空間 $(\Omega, \mathcal{F}, P)$ において，σ-加法族とは起こり得る事象の集合を意味している．言い換えれば，考えている確率空間の情報を表している．確率過程を論じる際には，考えている確率過程に付随する情報も当然ながら時間とともに変化し得る．これを数学的に述べたものがフィルトレーション (filtration) である．

定義 3.18

確率空間 $(\Omega, \mathcal{F}, P)$ の上で確率過程 $X = X(t)$ $(t \geq 0)$ が定められている.

(1) 各 $t \geq 0$ に対して, $\mathcal{F}$ の部分 σ-加法族 $\mathcal{F}_t(\subset \mathcal{F})$ が

$$s < t \quad \text{ならば} \quad \mathcal{F}_s \subset \mathcal{F}_t$$

を満たすとする. このとき, $\{\mathcal{F}_t\}_{t \geq 0}$ をフィルトレーションという.

(2) 各 $t \geq 0$ に対して, $X(t)$ は $\mathcal{F}_t$-可測, かつ $E[|X(t)|] < \infty$ を満たすとする. このとき, $X(t)$ は $\mathcal{F}_t$ $(t \geq 0)$ に適合している (adapted) という.

例題 3.19

一次元対称ランダム・ウォーク S_n $(n = 0, 1, 2, \cdots)$ (§1.2 参照) を考える. すなわち

$$S_0 = 0, \quad S_n = \sum_{k=1}^{n} B_k \quad (n = 1, 2, \cdots)$$

ただし, B_n $(n = 1, 2, \cdots)$ は独立同分布な確率変数で

$$P(B_n = +1) = P(B_n = -1) = \frac{1}{2}$$

を満たすとする. このとき, S_n が適合するフィルトレーション $\mathcal{F}_n$ $(n = 1, 2, \cdots)$ を定めよ.

[解] 各 $n = 1, 2, \cdots$ に対して S_k $(k \leq n)$ が可測となるような σ-加法族 $\mathcal{F}_n$ を求めたい. $\mathcal{F}_n$ の基礎となる集合は, $k_1, k_2, \cdots, k_n \in \{+1, -1\}$ に対して

$$\{B_1 = k_1, B_2 = k_2, \cdots, B_n = k_n\}$$

である．$\mathcal{F}_n$ はこれらの集合から生成される σ-加法族である．例えば，$n = 2$ のときは

$$\mathcal{F}_2 = \sigma(\{\{+1,+1\},\{+1,-1\},\{-1,+1\},\{-1,-1\}\})$$
$$= \{B_1, B_1 + B_2 \text{ で実現される情報すべて }\}$$

となる． □

🌱 マルチンゲール

マルチンゲールの概念は応用範囲も広い．まず定義から始めよう．

定義 3.20

確率過程 $X = X(t)$ $(t \geq 0)$ が，確率空間 $(\Omega, \mathcal{F}, P)$ の上で定められており，$X(t)$ が適合するフィルトレーション $\mathcal{F}_t$ $(t \geq 0)$ があるとする．このとき，$X(t)$ が $\mathcal{F}_t$ に関してマルチンゲールであるとは

(1) $E[|X(t)|] < \infty$

(2) $s < t$ に対して，$E[X(t)|\mathcal{F}_s] = X(s)$

が成り立つときにいう．

上の (2) において，$s < t$ に対して

$$E[X(t)|\mathcal{F}_s] \leq X(s)$$

となる場合を，**優マルチンゲール** (supermartingale) といい

$$E[X(t)|\mathcal{F}_s] \geq X(s)$$

となる場合を，**劣マルチンゲール** (submartingale) という．マルチンゲールは，優かつ劣マルチンゲールであり，時刻 s までの上方のもとで未来の時刻 t の利得 (条件付き平均あるいは期待値) は，時刻 s で得た利得に等しい，すなわち，$X(t)$ の賭けは公平であることを意味する．

さて，標準ブラウン運動 $W = W(t)$ $(t \geq 0)$ について，$W(t)$ がマルチンゲールとなるようなフィルトレーションを考えよう．それは，$\{W(s), s \leq t\}$ から生成される σ-加法族 $\mathcal{F}_t = \sigma(\{W(s), s \leq t\})$ である．これを，**ブラウニアン・フィルトレーション** (Brownian filtration) という．$\mathcal{F}_t$ は任意の $a < b$ および $s \leq t$ に対して，$\{a < W(s) \leq b\}$ の形の集合すべてを含む最小の σ-加法族である．

実際，$W(t)$ が $\mathcal{F}_t$ に適合していることはよい．また，$0 \leq s < t$ ならば，$W(t) - W(s)$ は $\mathcal{F}_s$ と独立である．よって

$$E[W(t) - W(s)|\mathcal{F}_s] = E[W(t) - W(s)] = 0$$
$$E[W(t)|\mathcal{F}_s] = E[W(s)|\mathcal{F}_s] = W(s)$$

となり，$W(t)$ は $\mathcal{F}_t$ に関してマルチンゲールである．

以後，ブラウン運動に関しては，断らない限りはブラウニアン・フィルトレーションを考える．

|例題 3.21|

$W = W(t)$ $(t \geq 0)$ を標準ブラウン運動とし，$h > 0$ に対して $X(t) = \dfrac{1}{h} W(h^2 t)$，また，$\mathcal{G}_t = \sigma(\{X(s), s \leq t\})$ とおく．このとき，$X(t)$ は $\mathcal{G}_t$ に関してマルチンゲールとなることを示せ．

[解] まず

$$\mathcal{G}_t = \sigma(\{W(h^2 s), s \leq t\}) = \sigma(\{W(s), s \leq h^2 t\}) = \mathcal{F}_{h^2 t}$$

に注意する．これより，$0 \leq s < t$ に対して
$$E[X(t)|\mathcal{G}_s] = E\left[\frac{1}{h}W(h^2 t)\Big|\mathcal{F}_{h^2 s}\right] = \frac{1}{h}E[W(h^2 t)|\mathcal{F}_{h^2 s}]$$
$$= \frac{1}{h}W(h^2 s) = X(s)$$
となり，題意が示された． □

問題 3.22

一次元対称ランダム・ウォーク S_n $(n = 0, 1, 2, \cdots)$ に対して，例題 3.19 で定めたフィルトレーション $\mathcal{F}_n$ に関してマルチンゲールであることを示せ．

3.4 伊藤過程とマルチンゲール

マルチンゲールは，伊藤過程に適用されるとき重要である．以下では，$W = W(t)$ $(t \geq 0)$ を標準ブラウン運動とし，$\mathcal{F}_t$ をブラウニアン・フィルトレーションとする．

伊藤積分とマルチンゲール

まず，伊藤積分がマルチンゲールとなることを見ておく．

命題 3.23

任意の $f \in \mathcal{L}(s,t)$ $(s < t)$ に対して
$$E\left[\int_s^t f(u)dW(u)\Big|\mathcal{F}_s\right] = 0$$
が成り立つ．よって特に，任意の $f \in \mathcal{L}^2(0,T)$ に対して定め

られた確率過程

$$X(t) = \int_0^t f(s)dW(s) \qquad (0 \le t < T)$$

はマルチンゲールである．ここで $\mathcal{L}(0,t)$ は，定義 2.8 において (3) を

$$\int_0^T E[|f(t)|]dt < \infty$$

と変更して定められる関数空間である．

実際，$s = t_0 < t_1 < \cdots < t_n = t$ において

$$E\left[\sum_{k=0}^{n-1} f(t_k)(W(t_{k+1}) - W(t_k)) \Big| \mathcal{F}_s\right]$$
$$= \sum_{k=0}^{n-1} f(t_k) E[W(t_{k+1}) - W(t_k)|\mathcal{F}_s] = 0$$

なので，極限操作により命題の前半が従う．後半は，$s < t$ に対して

$$E[X(t)|\mathcal{F}_s] = E[X(s)|\mathcal{F}_s] + E\left[\int_s^t f(u)dW(u)\Big|\mathcal{F}_s\right]$$
$$= X(s)$$

に注意する． □

🌳 マルチンゲール表現定理

次のマルチンゲール表現定理は，応用上有用である．証明なしに述べておこう．

> **定理 3.24** **マルチンゲール表現定理**
>
> $W = W(t)$ $(t \geq 0)$ を標準ブラウン運動とし，$\mathcal{F}_t$ をブラウニアン・フィルトレーションとする．このとき，確率過程 $X = X(t)$ $(0 \leq t \leq T)$ が $\mathcal{F}_t$ に関してマルチンゲールであるための必要十分条件は，ある $f \in \mathcal{L}(s,t)$ が存在して
>
> $$X(t) = E[X(0)] + \int_0^t f(s) dW(s)$$
>
> となることである．すなわち，微分形で書くと
>
> $$dX(t) = f(t) dW(t) \qquad (0 \leq t < T)$$
>
> となることである.

定理の意味するところは，伊藤過程 (3.1) がマルチンゲールならば，ドリフト項 $\mu(t) dt$ が存在せず，逆も真であることである．また特に，$X(t)$ がマルチンゲールならば

$$E[X(t)] = E[X(0)] = E[X(s)] \qquad (0 \leq s \leq t \leq T) \qquad (3.3)$$

が成り立つ．

3.5 計算例と問題

伊藤の公式とマルチンゲールの計算

例題 3.25

確率過程 $X = X(t)$ は

$$dX(t) = \alpha X(t)dt + \sigma dW(t)$$

を満たすとする．ただし，α, σ は定数である．このとき，$F = F(t, X(t))$ に対して $dF(t, X(t))$ を求めよ．

[解] 伊藤の公式より

$$dF(t, X(t)) = \frac{\partial F}{\partial t}dt + \frac{\partial F}{\partial x}dX(t) + \frac{1}{2}\frac{\partial^2 F}{\partial x^2}(dX(t))^2$$

ここで

$$(dX(t))^2 = \sigma^2(dW(t))^2 = \sigma^2 dt$$

に注意すると

$$dF(t, X(t)) = \left(\frac{\partial F}{\partial t} + \alpha\frac{\partial F}{\partial x}X(t) + \frac{\sigma^2}{2}\frac{\partial^2 F}{\partial x^2}\right)dt + \sigma\frac{\partial F}{\partial x}dW(t)$$

となる． □

例題 3.26

$E[e^{sW(t)}]$ を，伊藤の公式を用いて求めよ（例題 1.18 参照）．

[解] $Z(t) = e^{sW(t)}$ とおく．伊藤の公式により

$$dZ(t) = \frac{1}{2}s^2 Z(t)dt + sZ(t)dW(t)$$

すなわち，$Z(0) = 1$ から

$$Z(t) = 1 + \frac{s^2}{2}\int_0^t Z(u)du + s\int_0^t Z(u)dW(u)$$

となる．期待値を取り $m(t) = E[e^{sW(t)}]$ とおくと，$m(t)$ は積分方程式

$$m(t) = 1 + \frac{s^2}{2} \int_0^t m(u) du$$

を満たす．すなわち，微分すれば常微分方程式の初期値問題

$$\frac{dm(t)}{dt} = \frac{s^2}{2} m(t), \qquad m(0) = 1$$

を得る．これは解くことができて

$$m(t) = \exp\left(\frac{s^2}{2} t\right)$$

を得る． □

例題 3.27

$X(t) = W(t)^2 - t$ はマルチンゲールであることを示せ．

[解] 実際，$s < t$ に対して

$$\begin{aligned}
& E[W(t)^2 - t | \mathcal{F}_s] \\
&= E[(W(t) - W(s))^2 + 2W(t)W(s) - W(s)^2 | \mathcal{F}_s] - t \\
&= E[(W(t) - W(s))^2] + 2W(s) E[W(t) - W(s) + W(s) | \mathcal{F}_s] \\
&\quad - W(s)^2 - t \\
&= E[W(t-s)^2] + 2W(s) E[W(t) - W(s) | \mathcal{F}_s] + 2W(s)^2 \\
&\quad - W(s)^2 - t \\
&= t - s + W(s)^2 - t \\
&= W(s)^2 - s
\end{aligned}$$

となる． □

例題 3.28

B_n $(n=1,2,\cdots)$ を独立な確率変数で

$$E[B_n] = 0, \ V[B_n] = \sigma_n^2 \quad (n=1,2,\cdots)$$

とする．必ずしも同じ分布でないことに注意．さらに

$$S_0 = 0, \ S_n = \sum_{k=1}^n B_k \quad (n=1,2,\cdots)$$

$$v_n = \sum_{k=1}^n \sigma_k^2, \ M_n = S_n^2 - v_n$$

とおく．このとき，S_n が適合するフィルトレーション $\mathcal{F}_n$ に関して，M_n はマルチンゲールであることを示せ．この M_n を，分散マルチンゲールという．

[解] まず

$$\begin{aligned}
M_{n+1} - M_n &= (S_{n+1}^2 - v_{n+1}) - (S_n^2 - v_n) \\
&= ((S_n + B_{n+1})^2 - S_n^2) - \sigma_{n+1}^2 \\
&= B_{n+1}^2 - 2B_{n+1}\sum_{k=1}^n B_k - \sigma_{n+1}^2
\end{aligned}$$

に注意する．$\mathcal{F}_n$ での条件付き平均を取れば

$$\begin{aligned}
E[M_{n+1} - M_n | \mathcal{F}_n] &= E\left[B_{n+1}^2 - 2B_{n+1}\sum_{k=1}^n B_k - \sigma_{n+1}^2 \bigg| \mathcal{F}_n\right] \\
&= E[B_{n+1}^2 | \mathcal{F}_n] - 2\sum_{k=1}^n B_k E[B_{n+1} | \mathcal{F}_n] - \sigma_{n+1}^2 \\
&= E[B_{n+1}^2] - \sigma_{n+1}^2 = 0
\end{aligned}$$

となり，帰納的に M_n はマルチンゲールであることがわかる． □

問題

問題 3.29

対数正規過程 $X(t) = e^{\sigma W(t)}$ （σ は正の数．式 (1.3) 参照）に対して，$dX(t)$ を求めよ．

問題 3.30

正の数 α, σ に対して，確率過程

$$X(t) = \sigma e^{-\alpha t} \int_0^t e^{\alpha s} dW(s)$$

を定める．$X(t)$ は

$$dX(t) = -\alpha X(t)dt + \sigma dW(t), \quad X(0) = 0 \qquad (3.4)$$

を満たすことを確かめよ．式 (3.4) をランジュバン (Langevin) 方程式という．

問題 3.31

確率過程 $X = X(t)$ は

$$dX(t) = \alpha X(t)dt + \sigma dW(t)$$

を満たすとする．ただし，α, σ は定数である．このとき
 (1) $Z_1(t) = X(t)^2$
 (2) $Z_2(t) = \dfrac{1}{X(t)}$
に対して，それぞれ $dZ_1(t), dZ_2(t)$ を求めよ．

問題 3.32

次の確率過程はマルチンゲールであることを，マルチンゲール表現定理を用いて示せ．

(1) $X(t) = e^{\frac{1}{2}t} \cos W(t)$

(2) $X(t) = e^{\frac{1}{2}t} \sin W(t)$

(3) $X(t) = (t - W(t)) \exp\left(-\frac{1}{2}t + W(t)\right)$

問題 3.33

任意の $\alpha \in \mathbb{R}$ に対して

$$Z(t) = \exp\left[-\frac{1}{2}\alpha^2 t - \alpha W(t)\right]$$

はマルチンゲールであることを示せ．

第4章

確率微分方程式

　確率微分方程式は，通常の決定論的な常微分方程式に，偶然に変化する不確定な要素を組み入れた方程式とみなすことができる．不確定要素がブラウン運動で与えられるときは，確率微分方程式の意味付けは，伊藤積分を用いた確率積分方程式を通したものに他ならない．この立場のもとで，確率微分方程式の解の存在や一意性が論じられる．この章では，確率微分方程式の基本事項を取り扱い，さらに，偏微分方程式との関連について考察する．

4.1 確率微分方程式

　一般に時間に依存する確率現象のモデル化を行う際には，確率過程 $X = X(t)$ が満たすべき関係式の形で，すなわち方程式の形で与えられる．特に，微小変動 $dX(t)$ を含んだモデル化は典型的である．ところが，不確実要素がブラウン運動 $W(t)$ である場合，微分 "$\frac{d}{dt}W(t)$" は存在しないので，そのままでは確率微分方程式という形式には困難さがともなう．そこで，確率積分方程式を通して確率微分方程式を定めることになる．この節では，確率微分方程式の基本事項と例について考察する．

確率微分方程式

確率過程 $X = X(t)$ で

$$dX(t) = \mu(t, X(t))dt + \sigma(t, X(t))dW(t) \qquad (t > 0) \qquad (4.1)$$

を満たすものを考えよう．ただし，$W = W(t)$ $(t \geq 0)$ は標準ブラウン運動，$\mu = \mu(t, x)$ および $\sigma = \sigma(t, x)$ は，それぞれ与えられた関数とする．式 (4.1) を満たす確率過程 $X(t)$ とは，初期値が $X(0) = X_0$（実数値確率変数）であるとすると，確率積分方程式

$$X(t) = X_0 + \int_0^t \mu(s, X(s))ds + \int_0^t \sigma(s, X(s))dW(s) \qquad (4.2)$$

を満たす確率過程 $X(t)$ に他ならないと解釈する．この了解のもとで，式 (4.1) を，確率過程 $X(t)$ に対する**確率微分方程式** (stochastic differential equation (SDE)) という．確率積分方程式 (4.2) を基にして，単にその微分形に過ぎない式 (4.1) に意味を与えるのである．

互いに対応するような微分方程式と積分方程式の関係は，他の例でも知られている．実数値関数 $x = x(t)$ に対する決定論的な常微分方程式

$$\frac{dx(t)}{dt} = \mu(t, x(t)) \quad \text{あるいは} \quad dx(t) = \mu(t, x(t))dt$$

の解 $x(t)$ は，初期値が $x(0) = x_0$ ならば，積分方程式

$$x(t) = x_0 + \int_0^t \mu(s, x(s))ds$$

の解 $x(t)$ と同値である．このような事実に注意すれば，上で述べた，確率微分方程式を確率積分方程式を基に解釈することは正当化されるだろう．

確率微分方程式の例

確率微分方程式の例をいくつか見てみよう．ランジュバン方程式 (3.4)，すなわち

$$dX(t) = -\alpha X(t)dt + \sigma dW(t), \quad X(0) = 0$$

の解は (α と σ は正の数)

$$X(t) = \sigma e^{-\alpha t} \int_0^t e^{\alpha s} dW(s)$$

と与えられることは既にみた (問題 3.30 参照)．この方程式で，初期値が一般の場合は次である．

例題 4.1

確率微分方程式

$$dX(t) = -\alpha X(t)dt + \sigma dW(t), \quad X(0) = X_0 \ (\in \mathbb{R})$$

の解は（α と σ は正の数）

$$X(t) = e^{-\alpha t}X_0 + \sigma e^{-\alpha t}\int_0^t e^{\alpha s}dW(s)$$

であることを確かめよ．

[解] 求める解を $X(t)$ として，$Y(t) = e^{\alpha t}X(t)$ とおく．$Y(0) = X(0) = X_0$ であり，伊藤の公式より

$$\begin{aligned}dY(t) &= \alpha e^{\alpha t}X(t)dt + e^{\alpha t}dX(t)\\ &= (\alpha e^{\alpha t}X(t) - \alpha e^{\alpha t}X(t))dt + \sigma e^{\alpha t}dW(t) = \sigma e^{\alpha t}dW(t)\end{aligned}$$

となる．よって

$$Y(t) = Y(0) + \sigma \int_0^t e^{\alpha s}dW(s)$$

$$X(t) = e^{-\alpha t}Y(t) = e^{-\alpha t}X_0 + \sigma e^{-\alpha t}\int_0^t e^{\alpha s}dW(s)$$

を得る． □

次の例はやや特殊である．

例題 4.2

確率微分方程式

$$dX(t) = X(t)^3 dt + X(t)^2 dW(t), \quad X(0) = 1$$

の解は

$$X(t) = \frac{1}{1-W(t)} \qquad (0 \le t < \tau)$$

であることを確かめよ．ここで，$\tau = \inf\{t \,|\, W(t) = 1\} = $ "$W(t)$ が初めて 1 となる時刻"，とすると，解は確率 1 で $\lim_{t \to \tau} X(t) = \infty$ となる．このような τ を**爆発時刻**と呼ぶ．

[**解**] $X(0) = 1$ であり，伊藤の公式より
$$dX(t) = \frac{1}{(1-W(t))^2}dW(t) + \frac{1}{2}\frac{2}{(1-W(t))^3}dt$$
$$= X(t)^3 dt + X(t)^2 dW(t)$$
となるので，$X(t) = \dfrac{1}{1-W(t)}$ が解であることがわかる． □

線形確率微分方程式

確率微分方程式 (4.1) において
$$\mu(t, x) = \beta(t) + \alpha(t)x, \qquad \sigma(t, x) = \sigma(t) + \gamma(t)x \qquad (4.3)$$

である場合を，**線形確率微分方程式**という．ただし，$\alpha(t)$, $\beta(t)$, $\gamma(t)$, $\sigma(t)$ は実数値連続関数とする．ランジュバン方程式 (3.4) は線形確率微分方程式である．他の例を見ておこう．

まず，次の幾何ブラウン運動が満たす確率微分方程式は，次章の数理ファイナンスで重要である．

例題 4.3

$\mu \in \mathbb{R}$, $\sigma > 0$ に対して，確率微分方程式
$$dX(t) = \mu X(t)dt + \sigma X(t)dW(t), \quad X(0) = X_0 \ (\in \mathbb{R})$$
の解は

$$X(t) = X_0 \exp\left[\left(\mu - \frac{1}{2}\sigma^2\right)t + \sigma W(t)\right]$$

であることを確かめよ．

[解] $X(0) = X_0$ はよい．伊藤の公式より

$$\begin{aligned}
dX(t) &= d\Big(X_0 \exp\left[\left(\mu - \frac{1}{2}\sigma^2\right)t + \sigma W(t)\right]\Big) \\
&= \Big\{\left(\mu - \frac{1}{2}\sigma^2\right)X_0 e^{(\mu-\frac{1}{2}\sigma^2)t+\sigma W(t)} + \frac{1}{2}\sigma^2 X_0 e^{(\mu-\frac{1}{2}\sigma^2)t+\sigma W(t)}\Big\}dt \\
&\quad + \sigma X_0 e^{(\mu-\frac{1}{2}\sigma^2)t+\sigma W(t)} dW(t) \\
&= \mu X(t)dt + \sigma X(t)dW(t)
\end{aligned}$$

となり，$X(t)$ は解であることがわかる． □

式 (4.3) において $\gamma(t) = 0$ の場合は，次の定理が知られている．

定理 4.4

$\alpha(t), \beta(t), \sigma(t)$ は実数値連続関数とする．このとき，確率微分方程式

$$dX(t) = (\beta(t) + \alpha(t)X(t))dt + \sigma(t)dW(t), \ X(0) = X_0$$

の解は，

$$\begin{aligned}
X(t) &= X_0 e^{\int_0^t \alpha(s)ds} + \int_0^t e^{\int_s^t \alpha(u)du}\beta(s)ds \\
&\quad + \int_0^t e^{\int_s^t \alpha(u)du}\sigma(s)dW(s)
\end{aligned} \qquad (4.4)$$

である．

[証明] まず，$X(0) = X_0$ であることはよい．式 (4.4) は

$$X(t) = e^{\int_0^t \alpha(s)ds}\left(X_0 + \int_0^t e^{-\int_0^s \alpha(u)du}\beta(s)ds + \int_0^t e^{-\int_0^s \alpha(u)du}\sigma(s)dW(s)\right)$$

と表されることに注意しよう．

$$Y(t) = X_0 + \int_0^t e^{-\int_0^s \alpha(u)du}\beta(s)ds + \int_0^t e^{-\int_0^s \alpha(u)du}\sigma(s)dW(s)$$

とおくと，$X(t) = e^{\int_0^t \alpha(s)ds}Y(t)$ であり，また

$$dY(t) = e^{-\int_0^t \alpha(s)ds}\beta(t)dt + e^{-\int_0^t \alpha(s)ds}\sigma(t)dW(t)$$

である．よって，伊藤の公式より

$$dX(t) = \alpha(t)X(t)dt + e^{\int_0^t \alpha(s)ds}dY(t)$$
$$= \alpha(t)X(t)dt + \beta(t)dt + \sigma(t)dW(t)$$

となり，定理が示された． □

4.2 解の存在と一意性

確率微分方程式 (4.1) に対しても，通常の常微分方程式と同様な，解の存在と一意性の定理が知られている．この節では，この基本定理を，証明の概略とともに述べる．

存在と一意性の定理

確率微分方程式 (4.1)，すなわち

$$dX(t) = \mu(t, X(t))dt + \sigma(t, X(t))dW(t) \qquad (t > 0)$$

に対して，一般的な仮定のもと解の存在と一意性が知られている．まずは定理を述べておこう．

定理 4.5

確率微分方程式

$$\text{(SDE)} \begin{cases} dX(t) = \mu(t, X(t))dt + \sigma(t, X(t))dW(t) \\ X(0) = X_0 \end{cases}$$

に対して，$\mu(t,x)$ および $\sigma(t,x)$ は，$0 \le t \le T, x, y \in \mathbb{R}$ における実数値関数で，次の条件を満たすとする．

リプシッツ条件

　　ある定数 $L > 0$ が存在し，$0 \le t \le T, x, y \in \mathbb{R}$ に対して

$$|\mu(t,x) - \mu(t,y)| + |\sigma(t,x) - \sigma(t,y)| \le L|x-y|$$

が成り立つ．

増大度条件

　　ある定数 $K > 0$ が存在し，$0 \le t \le T, x \in \mathbb{R}$ に対して

$$|\mu(t,x)|^2 + |\sigma(t,x)|^2 \le K^2(1+|x|^2)$$

が成り立つ．

また，初期値 X_0 は実数値確率変数であり，標準ブラウン運動 $W(t)$ と独立，かつ $E[X_0^2] < \infty$ を満たすとする．

このとき，確率微分方程式 (SDE) の解 $X(t)$ は，$0 \le t \le T$ で存在し，連続な道をもつ伊藤過程である．さらに，解は道ごとに一意である．すなわち，もし $X(t)$ と $Y(t)$ が (SDE) の解であるならば，$0 \le t \le T$ において確率 1 で $X(t) = Y(t)$ である．

4.2 解の存在と一意性

以下では，この存在と一意性の定理の証明の概略を与えるが，詳細にこだわる必要はなく，定理の意味するものを理解して，適切に利用できるようになることが大切である．

🌿 一意性の証明

まず，解の一意性を示そう．$X_1(t)$, $X_2(t)$ を，ともに初期値 $X_1(0) = X_2(0) = X_0$ を満たす (SDE) の解とする．すなわち

$$X_k(t) = X_0 + \int_0^t \mu(s, X_k(s))ds + \int_0^t \sigma(s, X_k(s))dW(s) \ (k=1,2)$$

これより，$a(t) = \mu(t, X_1(t)) - \mu(t, X_2(t))$, $b(t) = \sigma(t, X_1(t)) - \sigma(t, X_2(t))$ とおくと

$$\begin{aligned}
E[(X_1(t) - X_2(t))^2] &= E\Big[\Big(\int_0^t a(s)ds + \int_0^t b(s)dW(s)\Big)^2\Big] \\
&\leq 2E\Big[\Big(\int_0^t a(s)ds\Big)^2\Big] + 2E\Big[\Big(\int_0^t b(s)dW(s)\Big)^2\Big] \\
&\leq 2tE\Big[\int_0^t a(s)^2 ds\Big] + 2E\Big[\int_0^t b(s)^2 ds\Big] \\
&\leq 2(T+1)L^2 \int_0^t E[(X_1(s) - X_2(s))^2]ds
\end{aligned}$$

を得る．ただし，伊藤積分の等長性（定理 2.11 参照），および不等式 $(a+b)^2 \leq 2a^2 + 2b^2$ を用いた．さらに，シュヴァルツ (Schwarz) の不等式 $\Big(\int_0^t a(s)ds\Big)^2 \leq \int_0^t a(s)^2 ds \cdot \int_0^t 1 ds$ を用いた．

結果の式は書き直すと

$$\frac{d}{dt}\Big(e^{-2(T+1)L^2 t} \int_0^t E[(X_1(s) - X_2(s))^2]ds\Big) \leq 0$$

となるので，t で積分すれば

$$\int_0^t E[X_1(s) - X_2(s))^2]ds \leq 0$$

すなわち

$$P[X_1(t) = X_2(t),\, t \in [0,T]] = 1$$

がわかる．これで一意性が示された．

存在の証明

確率微分方程式 (SDE) の解の存在を，技術的な詳細には立ち入らずに，考え方を中心に概略を示そう．確率積分方程式 (4.2)，すなわち

$$X(t) = X_0 + \int_0^t \mu(s, X(s))ds + \int_0^t \sigma(s, X(s))dW(s)$$

の解の存在を示すことになる．

バナッハの不動点定理（定理 6.22）を用いる．そのための関数空間として，バナッハ空間

$$\mathcal{V}_T = \Big\{ X \in \mathcal{L}^2(0,T) \,\Big|\, \|X\|_\lambda^2 = E\Big[\int_0^T e^{-\lambda t}|X(t)|^2 dt\Big] < \infty \Big\}$$

を用意する（定義 6.21）．ただし，$\lambda > 0$ は後で決める大きな数である．

$\mathcal{V}_T$ から $\mathcal{V}_T$ への写像を，$X \in \mathcal{V}_T$ に対して

$$\Phi(X)(t) = X_0 + \int_0^t \mu(s, X(s))ds + \int_0^t \sigma(s, X(s))dW(s)$$

により定める．次の 2 つの主張が成り立つことを確かめれば，バナッハの不動点定理により，Φ の不動点，すなわち $\Phi(X) = X$ を満たす $X \in \mathcal{V}_T$ が存在する．この X は積分方程式 (4.2) の解である．

4.2 解の存在と一意性

<u>主張 1.</u> $X \in \mathcal{V}_T$ に対して $\Phi(X) \in \mathcal{V}_T$ である.

<u>主張 2.</u> ある $0 < \theta < 1$ が存在して

$$\|\Phi(X_1) - \Phi(X_2)\|_\lambda \leq \theta \|X_1 - X_2\|_\lambda$$

が，任意の $X_1, X_2 \in \mathcal{V}_T$ に対して成り立つ.

<u>主張 1 の証明.</u> 増大度条件と，不等式 $(a+b+c)^2 \leq 3(a^2+b^2+c^2)$ により

$$\begin{aligned}
\|\Phi(X)\|_\lambda^2 &\leq 3E\Big[\int_0^T e^{-\lambda t} |X_0|^2 dt\Big] \\
&\quad + 3E\Big[\int_0^T e^{-\lambda t}\Big(\int_0^t \mu(s, X(s)) ds\Big)^2 dt\Big] \\
&\quad + 3E\Big[\int_0^T e^{-\lambda t}\Big(\int_0^t \sigma(s, X(s)) dW(s)\Big)^2 dt\Big] \\
&\leq 3\int_0^T e^{-\lambda t} E[|X_0|^2] dt \\
&\quad + 3E\Big[\int_0^T e^{-\lambda t}\Big(t\int_0^t \mu(s, X(s))^2 ds + \int_0^t \sigma(s, X(s))^2 ds\Big) dt\Big] \\
&\leq 3\int_0^T e^{-\lambda t} E[|X_0|^2] dt \\
&\quad + 3K^2 \int_0^T \max\{1, t\} e^{\lambda(T-t)} dt \cdot E\Big[\int_0^T e^{-\lambda t}(1 + |X(t)|^2) dt\Big] \\
&< \infty
\end{aligned}$$

となる.

<u>主張 2 の証明.</u> Φ を分解し

$$\Phi_1(X)(t) = \int_0^t \mu(s, X(s)) ds, \quad \Phi_2(X)(t) = \int_0^t \sigma(s, X(s)) dW(s)$$

とおく.

$$\|\Phi(X_1) - \Phi(X_2)\|_\lambda^2$$
$$\leq 2\|\Phi_1(X_1) - \Phi_1(X_2)\|_\lambda^2 + 2\|\Phi_2(X_1) - \Phi_2(X_2)\|_\lambda^2$$

となるので，それぞれ Φ_1, Φ_2 を評価する．まず

$$\|\Phi_1(X_1) - \Phi_1(X_2)\|_\lambda^2$$
$$= E\Big[\int_0^T e^{-\lambda t}\Big|\int_0^t (\mu(s, X_1(s)) - \mu(s, X_2(s)))ds\Big|^2 dt\Big]$$
$$\leq L^2 T E\Big[\int_0^T e^{-\lambda t}\Big(\int_0^t (X_1(s) - X_2(s))^2 ds\Big)dt\Big]$$
$$= L^2 T E\Big[\int_0^T e^{-\lambda s}(X_1(s) - X_2(s))^2 \Big(\int_s^T e^{-\lambda(t-s)}dt\Big)ds\Big]$$
$$\leq \frac{L^2 T}{\lambda} E\Big[\int_0^T e^{-\lambda s}(X_1(s) - X_2(s))^2 ds\Big]$$
$$= \frac{L^2 T}{\lambda} \|X_1 - X_2\|_\lambda^2$$

である．次に，同様な計算で

$$\|\Phi_2(X_1) - \Phi_2(X_2)\|_\lambda^2$$
$$= E\Big[\int_0^T e^{-\lambda t}\Big|\int_0^t (\sigma(s, X_1(s)) - \sigma(s, X_2(s)))dW(s)\Big|^2 dt\Big]$$
$$\leq L^2 T E\Big[\int_0^T e^{-\lambda t}\Big(\int_0^t (X_1(s) - X_2(s))^2 ds\Big)dt\Big]$$
$$\leq \frac{L^2 T}{\lambda} \|X_1 - X_2\|_\lambda^2$$

となる．よって

$$\|\Phi(X_1) - \Phi(X_2)\|_\lambda^2 \leq 4\frac{L^2 T}{\lambda}\|X_1 - X_2\|_\lambda^2$$

となり，λ を十分に大きく，$\lambda > 4L^2 T$ であるように取れば，主張 2 が示された． □

以上のことから，確率微分方程式 (SDE) の解の存在が示された．

例題 4.6

確率微分方程式

$$dX(t) = 3X(t)^{\frac{1}{3}}dt + 3X(t)^{\frac{2}{3}}dW(t), \ X(0) = 0 \qquad (4.5)$$

の解として

$$X_1(t) \equiv 0, \ X_2(t) = W(t)^3$$

が存在することを確かめよ．すなわち，式（4.5）の解は存在するが一意でない．

[解] $X_1(t)$ が解であることはよい．$X_2(t)$ が解であることは，伊藤の公式により

$$dX_2(t) = \frac{1}{2} \cdot 6W(t)dt + 3W(t)^2 dW(t)$$

であることからわかる．

もちろん，$\mu(t,x) = 3x^{\frac{1}{3}}$ および $\sigma(t,x) = 3x^{\frac{2}{3}}$ はリプシッツ条件を満たしていない． □

4.3 生成作用素

ブラウン運動を含む確率微分方程式と偏微分方程式とは，特に拡散方程式とは密接な関係がある．その関係を調べるために，生成作用素の概念は重要である．ここでは，応用上必要である形で生成作用素を考察しよう．

生成作用素

我々が応用上必要となる生成作用素の定義は次である．

定義 4.7

確率微分方程式 (4.1)，すなわち

$$dX(t) = \mu(t, X(t))dt + \sigma(t, X(t))dW(t) \quad (t > 0)$$

が与えられたとき，$X = X(t)$ の **生成作用素** (infinitesimal generator) $\mathcal{A}$ が，任意の $h \in C^2(\mathbb{R}^2)$ に対して

$$(\mathcal{A}f)(t, x) = \mu(t, x)\frac{\partial f}{\partial x}(t, x) + \frac{1}{2}\sigma(t, x)^2 \frac{\partial^2 f}{\partial x^2}(t, x) \quad (4.6)$$

により定められる．

一般の確率過程の場合の定義は後で行う．

例題 4.8

ランジュバン方程式 (3.4)，すなわち，α と σ を正の数とし

$$dX(t) = -\alpha X(t)dt + \sigma dW(t)$$

の生成作用素 $\mathcal{A}$ は，$h \in C^2(\mathbb{R}^2)$ に対して

$$(\mathcal{A}f)(t, x) = -\alpha x \frac{\partial f}{\partial x}(t, x) + \frac{1}{2}\sigma^2 \frac{\partial^2 f}{\partial x^2}(t, x)$$

であることを確かめよ．

[解] $\mu(t, x) = -\alpha x$, $\sigma(t, x) = \sigma$ なので，式 (4.6) により結論を得る． □

一般の場合の生成作用素の定義

一般の確率過程に対して生成作用素は次のように定められる．

定義 4.9

確率過程 $X = X(t)$ に対して，X の生成作用素 $\mathcal{A}$ とは

$$(\mathcal{A}f)(x) = \lim_{t \to 0,\, t > 0} \frac{E[f(X(t))|X(0) = x] - f(x)}{t} \quad (4.7)$$

により定められる作用素 $\mathcal{A}$ のことをいう．$x \in \mathbb{R}$ に対して，式 (4.7) が存在するような関数 $f : \mathbb{R} \to \mathbb{R}$ の集合を $\mathcal{D}_\mathcal{A}(x)$ と表す．任意の $x \in \mathbb{R}$ に対して，式 (4.7) が存在するような関数 f の集合を $\mathcal{D}_\mathcal{A}$ と表し，生成作用素 $\mathcal{A}$ の定義域という．

上の定義においては，確率過程 $X = X(t)$ は，一般には式 (4.1) のような確率微分方程式を満たすことを要請していない．そのため，式 (4.7) が存在するような関数空間 $\mathcal{D}_\mathcal{A}(x)$ や $\mathcal{D}_\mathcal{A}$ を定義する必要があるのである．もし $X(t)$ が，確率微分方程式 (4.1) を満たすとき，式 (4.7) は式 (4.6) に一致することは，たとえば，B. エクセンダール (1999 年, §7.3) を参照のこと．ここでは単に，簡単な場合に実際に一致することを見ておこう．

例題 4.10

確率過程 $X = X(t)$ は，確率微分方程式

$$dX(t) = \mu(X(t))dt + \sigma(X(t))dW(t)$$

を満たすとする．このとき，式 (4.7) を直接計算し，式 (4.6) と一致することを確かめよ．

[解] 確率過程 $f(X(t))$ に対して伊藤の公式を適用すると

$$df(X(t)) = f'(X(t))dX(t) + \frac{1}{2}f''(X(t))(dX(t))^2$$
$$= \Big(\mu(X(t))f'(X(t)) + \frac{1}{2}\sigma(X(t))^2 f''(X(t))\Big)dt$$
$$+ \sigma(X(t))f'(X(t))dW(t)$$

となる．これより，$X(0) = x$ のもとでは

$$f(X(t)) = f(X(0)) + \int_0^t df(X(s))$$
$$= f(x) + \int_0^t \Big(\mu(X(s))f'(X(s)) + \frac{1}{2}\sigma(X(s))^2 f''(X(s))\Big)ds$$
$$+ \int_0^t \sigma(X(s))f'(X(s))dW(s)$$

である．よって，$E\Big[\int_0^t \sigma(X(s))f'(X(s))dW(s)\Big] = 0$ により

$$E[f(X(t))|X(0) = x] - f(x)$$
$$= \int_0^t E\Big[\mu(X(s))f'(X(s)) + \frac{1}{2}\sigma(X(s))^2 f''(X(s))\Big|x(0) = x\Big]ds$$

であり，まとめると

$$\lim_{t \to 0, t > 0} \frac{E[f(X(t))|X(0) = x] - f(x)}{t} = \mu(x)f'(x) + \frac{1}{2}\sigma(x)^2 f''(x)$$

を得る．これで，今の場合に式 (4.7) が式 (4.6) と一致することが確かめられた．　　□

問題 4.11

$dX(t) = dW(t)$ の場合に，式 (4.7) を直接計算せよ．ただし，$W(t)$ は標準ブラウン運動とする．

4.4 ファインマン・カッツの定理

　偏微分方程式の解を（特に拡散方程式の解を），対応する確率過程の情報を用いて表す公式が知られている．それは，興味深い題材であるに留まらず，応用上も重要である．この節では，細部の条件にはこだわらずに，このファインマン・カッツの定理を取り扱おう．

🍂 ディンキンの公式

　まず，生成作用素に関するディンキンの公式 (Dynkin) を示そう．これは，確率過程と偏微分方程式との橋渡しをする．公式そのものは，もう少し一般的な設定のもとで成立するが，ここでは，確率微分方程式により定められる確率過程に対して述べておこう．

命題 4.12

　確率過程 $X = X(T)$ は，確率微分方程式

$$dX(t) = \mu(t)dt + \sigma(t)dW(t), \quad X(0) = x \ (\in \mathbb{R})$$

を満たすとする．このとき

$$E[f(X(t))] = f(x) + E\Big[\int_0^t (\mathcal{A}f)(X(s))ds\Big] \quad (4.8)$$

が成り立つ．ただし，$\mathcal{A}$ は $X(t)$ の生成作用素を表す．

[考え方]　例題 4.10 と同様に，確率過程 $f(X(t))$ に対して伊藤の公式を適用し，計算すると

$$f(X(t)) = f(X(0)) + \int_0^t (\mathcal{A}f)(X(s))ds + \int_0^t \sigma(s)f'(X(s))dW(s)$$

を得る．よって，$E\left[\int_0^t \sigma(s)f'(X(s))dW(s)\right] = 0$ に注意して式 (4.8) を得る．　　　□

🌳 ファインマン・カッツの定理

確率微分方程式と偏微分方程式との対応を示すものとして，ファインマン・カッツ (Feynman-Kac) の定理はよく知られている．公式の形は，種々の偏微分方程式に対して微妙に異なるが，ここでは確率微分方程式 (4.1) に対応する形で述べておこう．

定理 4.13

$F(t,x)$ $(0 \leq t \leq T, x \in \mathbb{R})$ を，次の偏微分方程式の，満期問題の解とする．

$$\frac{\partial F}{\partial t}(t,x) + \mu(t,x)\frac{\partial F}{\partial x}(t,x) + \frac{1}{2}\sigma(t,x)^2 \frac{\partial^2 F}{\partial x^2}(t,x) - rF(t,x) = 0,$$
$$F(T,x) = u(x),$$

ただし，$\mu(t,x)$, $\sigma(t,x)$ $(0 \leq t \leq T, x \in \mathbb{R})$，および $u(x)$ $(x \in \mathbb{R})$ は，それぞれ実数値連続関数，また r (≥ 0) は定数とする．方程式は，$t = T$ での満期条件であることに注意．

このとき

$$F(t,x) = e^{-r(T-t)}E[u(X(T))]$$

と表される．ここで $X(s)$ $(t \leq s \leq T)$ は，次の確率微分方程式の初期値問題を満たす．

$$\begin{aligned}
dX(s) &= \mu(s, X(s))ds + \sigma(s, X(s))dW(s), \\
X(t) &= x.
\end{aligned} \quad (4.9)$$

実際には，逆も成立する．詳しくは，たとえば B. エクセンダール (1999 年) を参照のこと．また，$F(t, x)$ が満たしている偏微分方程式は，式 (4.9) での確率過程 $X(s)$ に対する生成作用素 $\mathcal{A}$ を用いれば

$$\frac{\partial F}{\partial t}(t, x) + (\mathcal{A}F)(t, x) - rF(t, x) = 0$$

と表されることを注意しておこう．

[証明] 簡単のため，$r = 0$ の場合に考え方を示しておく．$r > 0$ の場合は例題とする．

確率微分方程式 (4.9) を満たす $X(s)$ に対して，伊藤の公式を，確率過程 $F(s, X(s))$ に適用すると

$$\begin{aligned}
dF(s, X(s)) = &\frac{\partial F}{\partial s}(s, X(s)) + (\mathcal{A}F)(s, X(s)) \\
&+ \sigma(s, X(s))\frac{\partial F}{\partial x}(s, X(s))dW(s)
\end{aligned}$$

となる．ただし，$\mathcal{A}$ は，式 (4.9) を満たす確率過程 $X(s)$ に対する生成作用素である．これを t から T まで積分すると

$$\begin{aligned}
F(T, X(T)) = &F(t, X(t)) + \int_t^T (\mathcal{A}F)(s, X(s))ds \\
&+ \int_t^T \sigma(s, X(s))\frac{\partial F}{\partial x}(s, X(s))dW(s)
\end{aligned}$$

を得る．すなわち，F が偏微分方程式の解であるという仮定 $\mathcal{A}F = 0$ であることと，また，$E\Big[\int_t^T \sigma(s, X(s))\frac{\partial F}{\partial x}(s, X(s))dW(s)\Big] = 0$ に

注意すれば，ディンキンの公式と同様に

$$F(t,x) = F(t, X(t)) = E[F(T, X(T))] = E[u(X(T))]$$

を得る． □

例題 4.14

上のファインマン・カッツの定理で，$r > 0$ の場合を示せ．

[解] $F_1(t,x) = E[u(X(T))]$ とおくと，F_1 は

$$\frac{\partial F_1}{\partial t}(t,x) + (\mathcal{A}F_1)(t,x) = 0, \quad F_1(T,x) = u(x)$$

を満たす．$F(t,x) = e^{-r(T-t)} F_1(t,x)$ なので

$$\begin{aligned}
\frac{\partial F}{\partial t}(t,x) &= e^{-r(T-t)} \frac{\partial F_1}{\partial t}(t,x) + rF(t,x) \\
&= -(\mathcal{A}(e^{-r(T-t)} F_1))(t,x) + rF(t,x) \\
&= -(\mathcal{A}F)(t,x) + rF(t,x)
\end{aligned}$$

であり，また，$F(T,x) = F_1(T,x) = u(x)$ となるので，$F(t,x)$ が $r > 0$ の場合の解を与えることがわかる． □

4.5 計算例と問題

確率微分方程式に関する計算

例題 4.15

確率微分方程式

$$dX(t) = -\frac{1}{1+t}X(t)dt + \frac{1}{1+t}dW(t), \quad X(0) = 0$$

の解は

$$X(t) = \frac{1}{1+t}W(t)$$

であることを確かめよ．

[解] $X(0) = W(0) = 0$ であり，また，伊藤の公式により

$$\begin{aligned}dX(t) &= -\frac{W(t)}{(1+t)^2}dt + \frac{1}{1+t}dW(t) \\ &= -\frac{1}{1+t}X(t)dt + \frac{1}{1+t}dW(t)\end{aligned}$$

である． □

例題 4.16

μ, σ を正の数とする．確率微分方程式

$$dX(t) = \mu X(t)dt + \sigma X(t)dW(t), \quad X(0) = X_0 > 0$$

の解（例題 4.3 参照）

$$X(t) = X_0 \exp\left[\left(\mu - \frac{1}{2}\sigma^2\right)t + \sigma W(t)\right]$$

に対して

$$\mu - \frac{1}{2}\sigma^2 < 0 \quad \text{ならば} \quad \lim_{t \to \infty} X(t) = 0 \text{ a.s.}$$

$$\mu - \frac{1}{2}\sigma^2 > 0 \quad \text{ならば} \quad \lim_{t \to \infty} X(t) = \infty \text{ a.s.}$$

であることを確かめよ．

[解] 解を

$$X(t) = X_0 \exp\left[t\left\{\left(\mu - \frac{1}{2}\sigma^2\right) + \sigma \frac{W(t)}{t}\right\}\right]$$

と表示すると，大数の法則 $\lim_{t \to \infty} \dfrac{W(t)}{t} = 0$（問題 1.20 参照）により，$t \to \infty$ での $X(t)$ の振る舞いが，$\mu - \dfrac{1}{2}\sigma^2$ の正負で決まることがわかる． □

次の例題では，ランダム・ウォークの極限として拡散方程式を導出しよう．

例題 4.17

第 1 章 §1.2 で考察した一次元対称ランダム・ウォークを考える．すなわち，初期時刻 $t = 0$ のとき原点にある動点が，時間が 1 進むごとに確率 $\dfrac{1}{2}$ で左右いずれかにそれぞれ 1 だけ動く状況である．動点が，時刻 t のとき位置 x にある確率を $u(t, x)$ とする．初期時刻 $t = 0$ の条件から

$$u(0, x) = \delta_{0x} = \begin{cases} 1 & (x = 0) \\ 0 & (x \neq 0) \end{cases}$$

である．また，時刻 $t + 1$ の状態は，時刻 t の状態から

$$u(t+1,x) = \frac{1}{2}u(t,x+1) + \frac{1}{2}u(t,x-1) \qquad (4.10)$$

により定められることがわかる．

§1.3と同様に，微小時間 Δt ごとに，確率 $\frac{1}{2}$ で左右にそれぞれ微小間隔 Δx だけ動くとしよう．式 (4.10) は

$$u(t+\Delta t, x) = \frac{1}{2}u(t, x+\Delta x) + \frac{1}{2}u(t, x-\Delta x) \qquad (4.11)$$

となる．さらに前と同様に，ある正の定数 σ に対して $\Delta x = \sigma\sqrt{\Delta t}$ という関係を保ちながら $\Delta x, \Delta t \to 0$ としたときの極限を考える．このとき，極限において $u(t,x)$ が満たすべき方程式を求めよ．ただし，$u(t,x)$ は十分に滑らかとする．

［解］ テイラー展開より

$$u(t+\Delta t, x) = u(t,x) + \frac{\partial u}{\partial t}(t+\theta_1\Delta t, x)\Delta t$$

となり，また

$$u(t, x\pm\Delta x) = u(t,x) \pm \frac{\partial u}{\partial x}(t,x)\Delta x + \frac{1}{2}\frac{\partial^2 u}{\partial x^2}(t, x\pm\theta_2\Delta x)(\Delta x)^2$$

となる．ただし，$0 < \theta_1, \theta_2 < 1$ である．よって，式 (4.11) により

$$\frac{\partial u}{\partial t}(t+\theta_1\Delta t, x) = \frac{1}{2}\frac{(\Delta x)^2}{\Delta t}\frac{\partial^2 u}{\partial x^2}(t, x\pm\theta_2\Delta x)$$

となるので，$\Delta x = \sigma\sqrt{\Delta t} \to 0$ の極限では

$$\frac{\partial u}{\partial t}(t,x) = \frac{\sigma^2}{2}\frac{\partial^2 u}{\partial x^2}(t,x)$$

という拡散方程式を得る．$\frac{\sigma^2}{2}$ を**拡散係数**という．すなわち，σ（ボラティリティ）は拡散係数と関連している． □

問題

問題 4.18

一般の初期値のランジュバン方程式（例題 4.1 参照），すなわち

$$dX(t) = -\alpha X(t)dt + \sigma dW(t), \quad X(0) = X_0 \ (\in \mathbb{R})$$

に対して（α と σ は正の数）

(1) $E[X(t)]$, (2) $C[X(t+s), X(t)]$, (3) $V[X(t)]$

をそれぞれ求めよ．

問題 4.19

確率過程 $X(t)$ は，確率微分方程式

$$dX(t) = -\alpha X(t)dt + \sigma dW(t)$$

の解であるとする．ただし，α, σ は正の数とする．このとき，$Y(t) = X(t)^2$ は，確率微分方程式

$$dY(t) = (\sigma^2 - 2\alpha Y(t))dt + 2\sigma\sqrt{Y(t)}dW(t)$$

を満たすことを示せ．

問題 4.20

確率微分方程式

$$dX(t) = \alpha X(t)dt + \sigma dW(t)$$

を満たす確率過程 $X = X(t)$ に対して，生成作用素 $\mathcal{A}$ を求めよ．
ただし，α, σ は定数である．

第5章

数理ファイナンスへの応用

　確率微分方程式，あるいは確率過程の応用は現在では極めて広範である．およそ不規則に変動する現象すべてに関連していると述べても，大きな誤りではない．そのうちでも，ファイナンスへの応用は，それだけで独立の分野と考えてよいほど多彩になっている．この章では，この数理ファイナンスまたは金融工学の基礎的な事項を解説する．数理ファイナンスは，不規則に変動する株価や為替のモデル化を手始めに，最終的には，様々なリスクの計量的な評価という重要な事項の数理的な基礎を提供する．

5.1 株価変動モデル

平日のニュース番組では，東京株式市場の日経平均株価や東京株価指数 (TOPIX) の終値の情報が伝えられることが多い．それらの値は日々変動しており，予想外の動きをして我々を驚かすこともある．確定的な動きをしているというよりは，不規則な動きをしているように見える．このような金融の世界での不規則な動きを，どのように数理モデルでとらえるのだろうか．この節では，いわゆるブラック・ショールズ・マートンモデルについて考察する．

ブラック・ショールズ・マートンモデル

金融の世界での価格変動モデルとして，最も著名なのが，いわゆるブラック・ショールズ・マートン (Black-Scholes-Merton) モデル（以下，BSM モデル）である．BSM モデルは，株式の価格 $S = S(t)$ と債券の価格 $B = B(t)$ の組 (S, B) からなる市場モデルであり，$S(t)$ と $B(t)$ は，それぞれ次のような確率微分方程式を満たすとする．まず，株価 $S(t)$ は

$$dS(t) = \mu S(t)dt + \sigma S(t)dW(t) \tag{5.1}$$

に従うとする．ここで，μ はドリフト係数と呼ばれ，短期での株価変化の動向を表す．また，ボラティリティ σ は，株価変動の激しさを表す．$W(t)$ は標準ブラウン運動である．短期的な傾向 $\mu S(t)dt$ を中心にして $\sigma S(t)dW(t)$ の変動を組み合わせたモデルとなっている．

また，債券価格 $B(t)$ は

$$dB(t) = rB(t)dt \qquad (5.2)$$

に従うとする．ここで，r (>0) は短期では変化しない，すなわちリスクのない金利を表す．この**無リスク金利** r は，以下では簡単のため定数と仮定するので，債券価格 $B(t)$ に対する方程式（5.2）は，通常の確定的な常微分方程式である．

方程式（5.1）（5.2）は解くことができて，解 $(S(t), B(t))$ は，初期条件 $S(0) = S_0, B(0) = B_0$ のもとでは

$$S(t) = S_0 \exp\left[\left(\mu - \frac{1}{2}\sigma^2\right)t + \sigma W(t)\right], \quad B(t) = B_0 e^{rt}$$

となる（例題 4.3 参照）．特に S_0 が非負ならば $S(t)$ も非負である．

現実には，株価変動モデル（5.1）は，株価の実際の動きとは乖離のあることが知られており，他のより複雑なモデル，たとえばフラクショナル・ブラウン運動を用いたモデルなども考察されている．これについては，成田清正（2010 年）などを参照のこと．

例題 5.1

株価 $S(t)$ は，確率微分方程式（5.1）を満たすとする．このとき，$X(t) = \log S(t)$ は，確率微分方程式

$$dX(t) = \left(\mu - \frac{1}{2}\sigma^2\right)dt + \sigma dW(t)$$

を満たすことを確かめよ．

[解] 伊藤の公式により

$$dX(t) = \frac{dS(t)}{S(t)} - \frac{1}{2}\frac{(dS(t))^2}{S(t)^2} = \left(\mu - \frac{1}{2}\sigma^2\right)dt + \sigma dW(t)$$

となる．特に，$X(t)$ はドリフト項のある正規過程である．すなわち，元の $S(t)$ はドリフト項のある対数正規過程と考えることができる．□

二項モデル

§1.3において，離散的なランダム・ウォークからブラウン運動を導いた．これとは逆の方向で，BSMモデルの離散モデルを考えることができる．すなわち，株価 $S(t)$ および債券 $B(t)$ は，ともに離散点 $t = 0, 1, 2, \cdots$ に対して値を取り，$t = n$ から $t = n+1$ への1期間の変動が

$$
\begin{aligned}
\text{株価：} \quad & S \begin{array}{c} \nearrow \\ \searrow \end{array} \begin{array}{l} uS \quad (\text{確率 } p \text{ で}) \\ dS \quad (\text{確率 } 1-p \text{ で}) \end{array} \\
\text{債券：} \quad & B \longrightarrow (1+r)B \\
\text{期間：} \quad & t = 0 \qquad t = 1
\end{aligned} \tag{5.3}
$$

の構造をもつようなモデルを考える．ただし，$0 < p < 1$ である．後で出てくる無裁定の条件から

$$0 < d < 1+r < u \tag{5.4}$$

が成り立つ．このような三角構造をつなげて考えたモデルを**二項モデル** (binomial model) という．たとえば，$t = 0, t = 1, t = 2$ のような2期間であれば

$$
\begin{aligned}
\text{株価：} \quad & S \begin{array}{c} \nearrow \\ \searrow \end{array} \begin{array}{c} uS \\ \\ dS \end{array} \begin{array}{c} \nearrow \\ \searrow \\ \nearrow \\ \searrow \end{array} \begin{array}{c} u^2 S \\ udS \\ \\ d^2 S \end{array} \\
\text{債券：} \quad & B \longrightarrow (1+r)B \longrightarrow (1+r)^2 B \\
\text{期間：} \quad & t = 0 \qquad\quad t = 1 \qquad\qquad t = 2
\end{aligned}
$$

である．n 期間であれば，三角形の構造がさらにつなげられ，株価は $u^n S, u^{n-1} dS, \cdots, d^n S$ の $(n+1)$ 通りになる．

株価 S の変動が，$S \to uS$ あるいは $S \to dS$ のように掛け算であることは，S が離散の対数正規過程に従うからである．実際，$\log S$ の変動は

$$\log S \to \begin{cases} \log S + \log u & （確率 p で）\\ \log S + \log d & （確率 1-p で）\end{cases}$$

のように，通常の，対称とは限らないランダム・ウォークとなるからである．また，S の変動が u, d の掛け算によることから，最初の S が非負ならば，それ以降すべて非負の値であり負の値を取ることはない．

二項モデルに関しては，この後でも考察する．また，ランダム・ウォークからブラウン運動を導出したのと同様に，この二項モデルから BSM モデルを導くことができる．

🌿 連続複利

BSM モデルでの債券価格の方程式 (5.2) を不思議に思われた方がいるかも知れない．実際，r が金利であると言われても，日常での半期に利息を得る状況と合致しないからである．BSM モデルにおける式 (5.2) での r は**連続複利** (compounded interest rate) と呼ばれている．

連続複利を，離散金利の極限として導出しよう．年利率 r で 1 年間預金すると，価格 1 は $(1+r)$ となる．もし，半期複利で 1 年間預金すれば，半期の金利は $\dfrac{1}{2}$ であり，それが 2 期なので，価格 1 は $\left(1+\dfrac{r}{2}\right)^2$ となる．同様に，n 半期複利で 1 年間預金すれば，

価格 1 は $\left(1+\dfrac{r}{n}\right)^n$ となり，$n \to \infty$ の極限で
$$\left(1+\frac{r}{n}\right)^n \to e^r$$
となる．これが連続複利の由来である．導出からわかるように，理想的な金利であるが，理論上の取り扱いが便利であるため数理ファイナンスや保険数理では重用される．

例題 5.2

年利率 0.02 の連続複利で半期預金した．このとき，1000 円がいくらになるか概算せよ．

[解]　半期の金利は $\dfrac{1}{2} \cdot 0.02 = 0.01$ なので
$$1000 \cdot e^{0.01} \approx 1000(1+0.01) = 1010 \text{ 円}$$
となる．ただし
$$e^r = 1 + r + \frac{r^2}{2} + \cdots \approx 1 + r$$
の近似を用いた．概算結果は，離散金利で計算した値と同じになる．

5.2 様々な金融商品

金融システムは，現代では社会の基盤システムのひとつであり，我々は，陰に陽に様々な金融商品を利用している．とはいえ，そもそもどんな金融商品が実際に取引されているのだろうか．その中でも，デリバティブと呼ばれる金融派生商品とはどのようなもので，その価格をどのように評価するのだろうか．

🍀 金融派生商品

身近な金融の例として最初に思いつくのは，おそらく銀行預金や株取引などであろうか．ここでは，株式や金，為替，原油などのように，市場などで自由に売買でき，その価格が絶えず変動している金融商品を考えよう．価格が変動しているので，現在の時点 $t = 0$ では，将来の時点 $t = T$ における，たとえば半年後における価格は正確には予測できないとする．

一方，将来の時点 T において，ある金融資産を確実に必要とする事業を行っている会社を考えよう．たとえば，3ヶ月後に燃料を必要とする運送会社などである．この運送会社は，将来の時点 T での燃料が変動しているというリスクを小さくしたいと企てる．このような行動を，リスクヘッジ (risk hedge) と呼び，日常生活の中でも我々は，特にそのように認識することなしに自然に行っている．たとえば，次善の策をそれとなく想定しておくのはリスクヘッジの行動である．

そこで，価格 $S = S(t)$ が変動するある資産（たとえば株式や金(きん)など）の，現在の時点 $t = 0$ で決めた価格 K により，将来の時点 $t = T$ において購入するという契約を結ぼうとする．このような契

約を，先渡し契約 (forward contract) という．T を満期日 (maturity)，K を行使価格 (exercise price) という．先渡し契約は義務であり，必ず履行しなければならない．よって，満期日 T におけるこの契約による損得は，満期日での資産の価格を $S\ (= S(T))$ とすると，$S > K$ のときは高いものを安く購入できるので $S - K$ の利益であり，$S < K$ のときは市場で安く買えるものを高い価格で購入しなければならないので $S - K\ (< 0)$ の損失となる．この損益の関数を，**先渡し契約のペイオフ関数** (pay-off function) という．

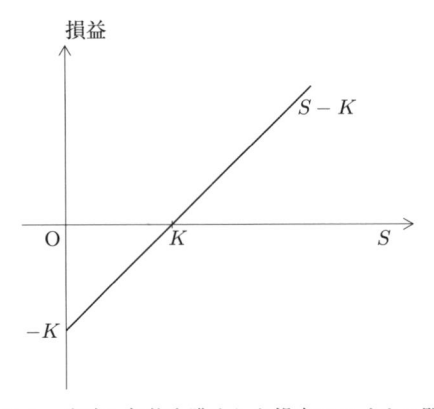

図 5-1 先渡し契約を購入した場合のペイオフ関数

先渡し契約は，価格変動する金融資産を基にして契約がなされるため，派生してできた商品という意味で**金融派生商品**，あるいは**デリバティブ** (derivative) と呼ばれている．基になる価格変動する資産を**原資産** (underlying asset) という．

問題 5.3

満期日 T において，価格変動するある金融資産 $S = S(t)$ の 1 単位を K 円で売却する，という先渡し契約を結んだ．この先渡し契約のペイオフ関数を図示せよ．

🍃 オプション

先渡し契約は，満期日において利益にも損失にもなり得るので，リスクヘッジの観点からはまだ十分とはいえない場合がある．そこで，先渡し契約に，契約を履行するかどうかの選択権 (option) が付された金融商品が考案されるようになった．それはオプションと呼ばれる金融派生商品のひとつであり，数理ファイナンスを発展させる要因のひとつとなった重要な対象である．

満期日 T において，ある商品の何単位かを行使価格 K で購入する，というオプション契約を考えよう．購入する権利のことを，コールオプション (call option) という．権利行使が満期日においてのみ可能なオプションを，ヨーロッパ型という．これに対して，権利行使が満期日までのいつでも可能なオプションを，アメリカ型という．よって，今考えているのはヨーロッパ型コールオプションである．

さて前と同様に，満期日での変動資産の価格を S $(= S(T))$ とすると，$S > K$ のときは高いものを安く購入できるので，契約を履行して $S - K$ の利益を得る．一方，$S < K$ のときは市場で安く買えるものを高い価格で購入しなければならないので契約を履行せず利益も損失も出ない．オプションは権利であり義務ではないことに注意しよう．よって，コールオプションを購入した場合のペイオフ関数は図 5-2 のようになる．

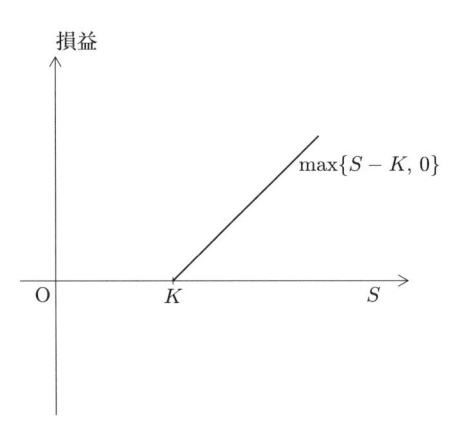

図 5-2　コールオプションを購入した場合のペイオフ関数

コールオプションの保持者 (holder) は，満期において損失が発生しない．よって，現時点 $t=0$ で契約する際に，何らかの契約料 (premium) を支払ってこのオプション契約を結ぶ必要がある．この契約料がどのようなものか，言い換えれば，オプションの価値はどのように評価されるのか，というのがオプション価格評価の問題として重要である．その評価のためには，前節の株価変動過程のモデルに加えて，次節での経済学からの理論が必要となる．

ところで，オプションの考え方そのものは，金融取引だけではなく日常生活においても用いられている．一般に，手付金を伴う取引はオプション契約の一種であると考えられる．たとえば，何ヵ月後かの旅行ツアーに参加する際に，まずは申し込み金を支払い仮契約を結び，ツアー実施が近くなり残額を支払い本契約する，という場合がある．このとき，申込金はオプションの契約料であり，仮契約はツアーに参加する権利を購入したものとみなすことができる．こうすることで，ツアー実施までに参加できなくなるリスクをヘッジしている．ツアーに参加できなければ，申込金は返済されないが残額を支払う必要はない．またこの場合，申込金も最終的な料金に充当されるため，オプション契約という仕組みはやや見にくくなっている．

問題 5.4

オプション契約で，売る権利のことを**プットオプション** (put option) という．満期日 T において，価格変動するある金融資産 $S = S(t)$ の 1 単位を K 円で売却する，というオプション契約を結んだ．このプットオプション契約のペイオフ関数を求め図示せよ．

🍀 条件付請求権

一般に，オプション契約のように，満期日 T での支払価格が株価や為替に依存した金融派生商品を**条件付請求権** (contingent claim) という．ここでは，条件付請求権は，原資産 $S(t)$ の関数として

$$F = F(t, S(t)) \qquad (0 \leq t \leq T)$$

のように表されるとする．

もし，$S = S(t)$ が BSM モデル (5.1) に従い不確実に変動するならば，伊藤の公式により F の変動は

$$\begin{aligned}
dF(t, S(t)) &= \frac{\partial F}{\partial t}dt + \frac{\partial F}{\partial S}dS(t) + \frac{1}{2}\frac{\partial^2 F}{\partial S^2}(dS(t))^2 \\
&= \left(\frac{\partial F}{\partial t} + \mu S \frac{\partial F}{\partial S} + \frac{1}{2}\sigma^2 S^2 \frac{\partial^2 F}{\partial S^2}\right)dt + \sigma S \frac{\partial F}{\partial S}dW(t)
\end{aligned}$$
(5.5)

となる．

5.3 無裁定価格理論

リスクなしに利益が得られる状態を**裁定状態**という．金融市場において，もしも情報が瞬時に伝わり，売買が自由に無制限に行われるならば，すなわち市場が完備ならば，このような裁定状態はたちどころに解消されると考える．よって，そのような理想的な市場では裁定状態はあり得ないと要請する．これを，**無裁定の原理** (principle of no-arbitrage) などと呼ぶ．金融商品の価格付けに極めて有効な考え方である．この節では，無裁定価格理論にまつわる話題について考察しよう．

ポートフォリオ

資産を，他の資産の組み合わせにより分割して投資することを考える．たとえば，債券 $B(t)$ と株式 $S(t)$ の時刻 t における保有量をそれぞれ $(\phi(t), \psi(t))$ とし

$$X(t) = \phi(t)B(t) + \psi(t)S(t) \tag{5.6}$$

とおく．このとき，組 $(\phi(t), \psi(t))$ $(0 \leq t \leq T)$ を**ポートフォリオ** (portfolio) と呼び，$X(t)$ を**富の過程** (wealth process)，あるいはポートフォリオの価値という．

ポートフォリオ $(\phi(t), \psi(t))$ は，関係式

$$dX(t) = \phi(t)dB(t) + \psi(t)dS(t) \tag{5.7}$$

を満たすとき，**資金自己充足的** (self-financing) などという．すなわち，$X(t)$ の変動 $dX(t)$ は，資金を外部から調達したり消費したりすることなく，債券 $B(t)$ と株式 $S(t)$ の変動によって達成されるとするのである．

5.3 無裁定価格理論

例題 5.5

債券 $B(t)$ と株式 $S(t)$ はモデル (5.1) (5.2) に従うとする. 特に $B(t) = e^{rt}$ とする. このとき, 富の過程 (5.6) において $\psi(t) = S(t)$ の場合に, $X(t)$ のポートフォリオ $(\phi(t), \psi(t))$ が資金自己充足的となるような $\phi(t)$ を求めよ.

[解] 富の過程 $X(t)$ は

$$X(t) = \phi(t)B(t) + S(t)^2$$

である. 債券 $B(t) = e^{rt}$ であることに注意して, 伊藤の公式を適用すると

$$\begin{aligned}
dX(t) &= \phi(t)dB(t) + e^{rt}d\phi(t) + 2S(t)dS(t) + (dS(t))^2 \\
&= \phi(t)dB(t) + \psi(t)dS(t) \\
&\quad + e^{rt}d\phi(t) + \sigma^2 S(t)^2 dt + S(t)dS(t)
\end{aligned}$$

となる. よって, $X(t)$ が資金自己充足的であるためには, $\phi(t)$ は

$$d\phi(t) = -e^{-rt}(\sigma^2 S(t)^2 dt + S(t)dS(t))$$

を満たせばよく, これを解くと

$$\phi(t) = \phi(0) - \sigma^2 \int_0^t e^{-rs} S(s)^2 ds - \int_0^t e^{-rs} S(s) dS(s)$$

を得る. □

🌱 無裁定の原理

無裁定の原理は, いくぶん空想的なものである. 実際たとえば, 外貨両替において 2 つの両替商が異なる値を提示していたとしよう. 手数料なしに両替ができるとすれば, 安い方で購入し高い方で

売却すればリスクなしに利益が得られ，そのため為替レートはひとつに決まる．しかし現実には，売値と買値の差 (ビッドアスクスプレッド (bid ask spread)) があり，また，取引手数料も必要なので，このような（俗に言う）鞘取りは成功しない．無裁定の原理は，あくまで理想的な原理である．

数学としては，裁定状態を次のように定める．富の過程 $X = X(t)$ において，ポートフォリオ $(\phi(t), \psi(t))$ が裁定機会をもつとは

$$X(0) \leq 0, \quad P(X(T) \geq 0) = 1, \quad かつ \quad P(X(T) > 0) > 0$$

となるときをいう．すなわち，現時点 $t = 0$ では無資産であるが，満期 $t = T$ ではリスクなしに正の利益を得るような状態である．他にも同様な定義が知られているが，ここでは上の定義を採用しておこう．そうして，このような裁定状態は発生しないと要請する．

命題 5.6

富の過程 $X(t)$ が，ある $k(t)$ (> 0) に対して

$$dX(t) = k(t)X(t)dt$$

を満たすとする．このとき，$k(t) = r$ である．ただし，r は無リスク金利を表す．

[考え方] もし $k > r$ であるとすれば，現時点で債券を利率 r で空売りし，その資産を直ちに $X(t)$ に投資する．満期で精算すれば，リスクなしに利率の差 $(k - r)$ に相当する利益が得られ，無裁定の原理と矛盾する．$k < r$ の場合も同様に矛盾が導かれ，よって $k = r$ である． □

二項モデルの場合

この節の最後に，二項モデルの場合に無裁定の原理に関わる事項を考察しよう．まず，式 (5.4) を示そう．

命題 5.7

二項モデル (5.3) において，式 (5.4) が成り立つ．

[証明] もし $1+r \geq u$ とすると，$t=0$ において株式の S 単位を空売りし，その資産を全額債券に投資する．よって，$t=0$ での資産の動きはない．$t=1$ では，$(1+r)S \geq uS$ であり，かつ期待利益が

$$(1+r)S - (puS + (1-p)dS) > 0$$

となり，リスクなしに利益を得ることができるので無裁定の原理に反する．他の不等号も同様に示すことができる． □

さて，二項モデルでのポートフォリオとは，各期間において定められる債券と株式の保有量，それぞれ (ϕ, ψ) のことである．たとえば，1期間モデル (5.3) では，$t=0$ において債券を ϕ_0 単位，株式を ψ_0 単位保有するとすれば，富の過程 $X(n)$ $(n=0,1)$ は

$$X(0) = \phi_0 B + \psi_0 S \tag{5.8}$$

であり，これは $t=1$ において

$$\begin{aligned} S \to uS \text{ のとき } X(1) &= \phi_0(1+r)B + \psi_0 uS \\ S \to dS \text{ のとき } X(1) &= \phi_0(1+r)B + \psi_0 dS \end{aligned} \tag{5.9}$$

と変動する．多期間の場合は，それぞれの箇所でポートフォリオを組み換える．その組み換えは，資金自己充足的である．

このポートフォリオの組み換えでもわかるように，ある時点 $t = n$ においてポートフォリオを定め，その保有量のままで次の時点 $t = n+1$ へと変動する．これは連続過程の場合と対応している．たとえば（5.7）を離散的に表現すれば

$$X(t + \Delta t) - X(t)$$
$$= \phi(t)(B(t + \Delta t) - B(t)) + \psi(t)(S(t + \Delta t) - S(t))$$

となる．これはもちろん，伊藤積分において各小区間の左端の点を取るという約束とも整合している．

5.4 ブラック・ショールズ評価公式

ヨーロッパ型コールオプションに対するブラック・ショールズの評価公式は，金融工学の重要性を決定付けた成果である．ブラック・ショールズ偏微分方程式を導出し，それを解くことにより評価公式を導こう．その後で，リスク中立確率について考えよう．

ブラック・ショールズ偏微分方程式

債券 $B(t) = e^{rt}$ と株式 $S(t)$ は BSM モデル（5.1）(5.2) に従うとする．ヨーロッパ型コールオプションの価値 $C(t, S(t))$ $(0 \leq t \leq T)$ を，富の過程（5.6）と考え，資金自己充足的なポートフォリオ $(\phi(t), \psi(t))$ により

$$C(t, S(t)) = \phi(t)B(t) + \psi(t)S(t) \qquad (0 \leq t \leq T) \qquad (5.10)$$

と表されるとしよう．満期日での条件より

$$C(T, S(T)) = \max\{S(T) - K, 0\}$$

である.ただし,K は行使価格とする.

さて,$C(t, S(t))$ の変動 $dC(t, S(t))$ を 2 通りに計算しよう.まず,ポートフォリオ $(\phi(t), \psi(t))$ は資金自己充足的であることから

$$dC(t, S(t)) = \phi(t)dB(t) + \psi(t)dS(t)$$
$$= (r\phi(t)e^{rt} + \mu\psi(t)S(t))dt + \sigma\psi(t)S(t)dW(t)$$

である.次に,式 (5.5) により

$$dC(t, S(t)) = \Big(\frac{\partial C}{\partial t} + \mu S(t)\frac{\partial C}{\partial S} + \frac{1}{2}\sigma^2 S(t)^2 \frac{\partial^2 C}{\partial S^2}\Big)dt \\ + \sigma S(t)\frac{\partial C}{\partial S}dW(t) \quad (5.11)$$

である.両者は一致するので,$dW(t)$ の係数比較により

$$\psi(t) = \frac{\partial C}{\partial S}(t, S(t)) \quad (5.12)$$

がわかる.これと式 (5.10) から,$B(t) = e^{rt}$ なので

$$\phi(t) = e^{-rt}\Big(C(t, S(t)) - S(t)\frac{\partial C}{\partial S}(t, S(t))\Big)$$

である.よって,dC において dt の係数比較により

$$\frac{\partial C}{\partial t}(t, S(t)) + \mu S(t)\frac{\partial C}{\partial S}(t, S(t)) + \frac{1}{2}\sigma^2 S(t)^2 \frac{\partial^2 C}{\partial S^2}(t, S(t)) \\ = r\Big(C(t, S(t)) - S(t)\frac{\partial C}{\partial S}(t, S(t))\Big) + \mu S(t)\frac{\partial C}{\partial S}(t, S(t)),$$

すなわち

$$\frac{\partial C}{\partial t}(t,S(t)) + \frac{1}{2}\sigma^2 S(t)^2 \frac{\partial^2 C}{\partial S^2}(t,S(t))$$
$$+ rS(t)\frac{\partial C}{\partial S}(t,S(t)) - rC(t,S(t)) = 0$$

を得る．まとめると，次の定理となる．

定理 5.8

満期日 T，行使価格 K のヨーロッパ型コールオプション $C(t,S(t))$ は，偏微分方程式

$$\frac{\partial C}{\partial t}(t,S) + \frac{1}{2}\sigma^2 S^2 \frac{\partial^2 C}{\partial S^2}(t,S) + rS\frac{\partial C}{\partial S}(t,S) - rC(t,S) = 0$$
$$(0 \leq t \leq T,\ S > 0) \quad (5.13)$$
$$C(T,S) = \max\{S-K, 0\}$$

を満たす．

式 (5.13) を，ブラック・ショールズ偏微分方程式（以下，BS 偏微分方程式）という．

BS 偏微分方程式 (5.13) において注意すべきことは，株価 $S(t)$ の変動モデル (5.1) におけるドリフト係数 μ が現れないことである．

問題 5.9

上において，$C = C(t,S(t))$ が BS 偏微分方程式を満たすとき，$dC(t,S(t))$ を計算せよ．

ブラック・ショールズ評価公式

BS 偏微分方程式 (5.13) を解いて，$C(t, S)$ の評価公式を導こう．ファインマン・カッツの定理（定理 4.13 参照）を用いると

$$C(t, S) = e^{-r(T-t)} E[\max\{X(T) - K, 0\}] \qquad (5.14)$$

と与えられることがわかる．ただし，確率過程 $X = X(s)$ $(t \leq s \leq T)$ は

$$dX(s) = rX(s)ds + \sigma X(s)dW(s), \quad X(t) = S \qquad (5.15)$$

を満たす．式 (5.15) は解くことができて

$$X(s) = S\exp\left[\left(r - \frac{1}{2}\sigma^2\right)(s - t) + \sigma(W(s) - W(t))\right]$$

である．よって，$W(s) - W(t) \sim W(s - t) \sim \sqrt{s - t}W(1) \sim \sqrt{s - t}N(0, 1)$ ($N(0, 1)$ は標準正規分布，定義 6.17 参照) に注意すると

$$\begin{aligned}C(t, S) &= \frac{e^{-r(T-t)}}{\sqrt{2\pi}} \int_{-\infty}^{\infty} \max\{X(T) - K, 0\} e^{-\frac{x^2}{2}} dx \\ &= \frac{e^{-r(T-t)}}{\sqrt{2\pi}} \int_{-\infty}^{\infty} \max\{Se^{(r-\frac{1}{2}\sigma^2)(T-t) + \sigma\sqrt{T-t}x} - K, 0\} e^{-\frac{x^2}{2}} dx\end{aligned}$$

である．そこで，伝統的にも

$$d_2 = \frac{\log \dfrac{S}{K} + \left(r - \dfrac{1}{2}\sigma^2\right)(T - t)}{\sigma\sqrt{T - t}} \qquad (5.16)$$

とおくと，被積分関数が 0 以上となる $X(T) \geq K$ であるのは，$x \geq -d_2$ であるときなので

$$C(t, S) = S\frac{e^{-\frac{1}{2}\sigma^2(T-t)}}{\sqrt{2\pi}} \int_{-d_2}^{\infty} e^{-\frac{x^2}{2} + \sigma\sqrt{T-t}x} dx - Ke^{-r(T-t)}\Phi(d_2)$$

となる．ただし

$$\Phi(d) = \frac{1}{\sqrt{2\pi}} \int_{-d}^{\infty} e^{-\frac{x^2}{2}} dx = \frac{1}{\sqrt{2\pi}} \int_{-\infty}^{d} e^{-\frac{x^2}{2}} dx \quad (5.17)$$

は，標準正規分布の分布関数である．

$C(t, S)$ の第1項の積分を計算しよう．

$$-\frac{x^2}{2} + \sigma\sqrt{T-t}\,x = -\frac{(x - \sigma\sqrt{T-t})^2}{2} + \frac{1}{2}\sigma^2(T-t)$$

と変形すれば

$$S \frac{e^{-\frac{1}{2}\sigma^2(T-t)}}{\sqrt{2\pi}} \int_{-d_2}^{\infty} e^{-\frac{x^2}{2} + \sigma\sqrt{T-t}\,x} dx$$
$$= \frac{S}{\sqrt{2\pi}} \int_{-d_2}^{\infty} e^{-\frac{1}{2}(x - \sigma\sqrt{T-t})^2} dx = S\Phi(d_1)$$

ただし

$$d_1 = d_2 + \sigma\sqrt{T-t} = \frac{\log\dfrac{S}{K} + \left(r + \dfrac{1}{2}\sigma^2\right)(T-t)}{\sigma\sqrt{T-t}} \quad (5.18)$$

であることがわかる．以上をまとめて次の定理を得る．

定理 5.10

満期日 T，行使価格 K のヨーロッパ型コールオプションの，時刻 t での価格 $C(t, S(t))$ は

$$C(t, S(t)) = S(t)\Phi(d_1) - Ke^{-r(T-t)}\Phi(d_2) \quad (5.19)$$

により与えられる．ただし，$\Phi(d)$ は標準正規分布の分布関数 (5.17) であり，d_1, d_2 は，それぞれ式 (5.18)，式 (5.16)，すなわち

$$d_1 = \frac{\log \dfrac{S}{K} + \left(r + \dfrac{1}{2}\sigma^2\right)(T-t)}{\sigma\sqrt{T-t}}$$

$$d_2 = \frac{\log \dfrac{S}{K} + \left(r - \dfrac{1}{2}\sigma^2\right)(T-t)}{\sigma\sqrt{T-t}} = d_1 - \sigma\sqrt{T-t}$$

である．

式 (5.19) を，ブラック・ショールズの評価公式という．

リスク中立確率

ヨーロッパ型コールオプションに対するブラック・ショールズ評価公式 (5.19) を，別の考え方により導出しよう．基礎となる BSM モデル (5.1)，(5.2) において

$$dS(t) = \mu S(t)dt + \sigma S(t)dW^P(t), \quad B(t) = e^{rt}$$

のように，標準ブラウン運動に添字 P を付け，「確率測度 P に対して」などということにする（定義 6.2 も参照）．

利用するのはマルチンゲールの性質 (3.3) である．以下に詳しく説明しよう．変動 $dC(t, S(t))$ の式 (5.11) と，BS 偏微分方程式 (5.13) とを見比べ，$C(t, S(t))$ の割引価格

$$\tilde{C}(t, S(t)) = B(t)^{-1}C(t, S(t)) = e^{-rt}C(t, S(t))$$

を導入する．$\tilde{C}$ の変動 $d\tilde{C}$ は

$$\begin{aligned}d\tilde{C}(t, S(t)) = {}& e^{-rt}\Big(\frac{\partial C}{\partial t} + \mu S(t)\frac{\partial C}{\partial S} + \frac{1}{2}\sigma^2 S(t)^2\frac{\partial^2 C}{\partial S^2} - rC\Big)dt \\ & + e^{-rt}\sigma S(t)\frac{\partial C}{\partial S}dW^P(t)\end{aligned}$$

となる．ここで，もし

$$dW^Q(t) = \frac{\mu - r}{\sigma}dt + dW^P(t) \tag{5.20}$$

の変換により，同値な別の確率測度 Q が定まるとするならば，dt の係数における $\mu S(t)\dfrac{\partial C}{\partial S}$ が $rS(t)\dfrac{\partial C}{\partial S}$ に置き換わり，BS 偏微分方程式 (5.13) により

$$d\tilde{C} = \sigma S(t)\frac{\partial \tilde{C}}{\partial S}dW^Q(t)$$

と，$\tilde{C}$ は Q に関してマルチンゲールとなる．よって，$S(t) = S$ の条件，および満期条件 $C(T, S(T)) = \max\{S(T) - K, 0\}$ の下では，式 (3.3) により $E^Q[\tilde{C}(T, S(T))] = E^Q[\tilde{C}(t, S(t))]$ なので

$$\begin{aligned}C(t, S) &= e^{rt}E^Q[e^{-rt}C(t, S(t))] = e^{rt}E^Q[e^{-rT}C(T, S(T))] \\ &= e^{-r(T-t)}E^Q[\max\{S(T) - K, 0\}]\end{aligned} \tag{5.21}$$

のように，ファインマン・カッツの定理における関係 (5.14) と同等な評価式が得られる．ただし，$E^Q[\cdot]$ は確率測度 Q のもとで考えるという意味であり，また，確率測度 P, Q が同値であるとは $P(B) = 0 \iff Q(B) = 0$ ということである．

この発見的考察が上手く行くことは，次のギルサノフ (Girsanov)・丸山の定理で保証される．

定理 5.11　ギルサノフ・丸山の定理

$W^P(t)$ を標準ブラウン運動，$\mathcal{F}_t$ を P に関してのブラウニアン・フィルトレーションとする．このとき，任意の $\alpha \in \mathbb{R}$ に対して

$$Q(B) = \int_B \exp\Big(-\alpha W^P(T) - \frac{1}{2}\alpha^2 T\Big)dP$$

により定められる測度 Q は確率測度であり，$W^Q(t) = \alpha t + W^P(t)$ $(0 \leq t \leq T)$ とすれば，$W^Q(t)$ は Q に関して $\mathcal{F}_t$ と適合する標準ブラウン運動である．

この定理は認めておく．証明は，たとえば森真 (2012 年) を参照のこと．

式 (5.20) で定められた Q を，P と同値なマルチンゲール測度という．また，$\dfrac{\mu - r}{\sigma}$ はリスクの**市場価値** (market price of risk) と呼ばれている．

例題 5.12

確率測度 Q に関して次を示せ．
(1) $dS(t) = rS(t)dt + \sigma S(t)dW^Q(t)$
(2) $\tilde{S}(t) = B(t)^{-1}S(t) = e^{-rt}S(t)$ とおくと

$$d\tilde{S}(t) = \sigma \tilde{S}(t)dW^Q(t)$$

である．

[解] 計算により
(1) $dS(t) = \mu S(t)dt + \sigma S(t)dW^P(t) = rS(t)dt + \sigma S(t)dW^Q(t)$
(2) $d(e^{-rt}S(t)) = e^{-rt}(dS(t) - rS(t)dt) = \sigma e^{-rt}S(t)dW^Q(t)$

□

上の (1) が意味することは，$S(t)$ の平均リターン率は，確率測度 Q の下では無リスク利子率 r に等しい，ということである．この意味で，Q を**リスク中立確率**という．

二項モデルの場合

最後に，二項モデルの場合の評価公式を手短に述べておこう．やはり1期間モデル (5.3) を考え，任意の金融商品 $C(n)$ $(n=0,1)$ の価格を考察する．満期日 $t=1$ でのペイオフ関数から

$$C(1) = \begin{cases} C_u & (S \to uS \text{ のとき}) \\ C_d & (S \to dS \text{ のとき}) \end{cases}$$

はわかっている．このとき，$C(0)$ を評価しよう．$t=0$ において債券を ϕ_0 単位，株式を ψ_0 単位保有するポートフォリオ (ϕ_0, ψ_0) により，式 (5.8) と同様に $C(0) = \phi_0 B + \psi_0 S$ とすれば，$t=1$ での条件から

$$C_u = \phi_0(1+r)B + \psi_0 uS$$
$$C_d = \phi_0(1+r)B + \psi_0 dS$$

となる．これから

$$\phi_0 = \frac{-dC_u + uC_d}{(1+r)(u-d)B}, \quad \psi_0 = \frac{C_u - C_d}{(u-d)S}$$

すなわち，$C(0) = \phi_0 B + \psi_0 S$ に代入すると

$$C(0) = \frac{1}{1+r}\left(\frac{1+r-d}{u-d}C_u + \frac{u-(1+r)}{u-d}C_d\right)$$

を得る．この評価式は

$$q = \frac{1+r-d}{u-d} \ (>0), \quad 1-q = \frac{u-(1+r)}{u-d} \ (>0)$$

を確率測度 Q とみなすと

$$C(0) = (1+r)^{-1}E^Q[C(1)]$$

であり，連続な場合の評価式 (5.21) と対応していることがわかる．よって確率 Q をリスク中立確率と呼ぶ．また，このときのポー

トフォリオ (ϕ_0, ψ_0) を，特に複製ポートフォリオともいう．

リスク中立確率 Q は，$S \to uS$ あるいは $S \to dS$ となるときの確率，それぞれ $p, 1-p$，すなわち確率 P と同値であることを注意しておく．

5.5 計算例と問題

🌰 数理ファイナンスに関する計算

例題 5.13

満期日 T，行使価格 K のヨーロッパ型コールオプション $C(t, S)$ に対して

$$\max\{S - Ke^{-r(T-t)}, 0\} \leq C(t, S) \leq S$$

が成り立つことを，無裁定の原理により示せ．

[解] 満期日 T では $C(T, S) = \max\{S - K, 0\}$ なので $S - K \leq C(T, S) \leq S$ である．よって，無裁定の原理により，t $(t \leq T)$ では

$$S(t) - Ke^{-r(T-t)} \leq C(t, S(t)) \leq S(t)$$

が成り立つ．やはり無裁定の原理から導かれるオプションの非負性 $C(t, S) \geq 0$ と合わせて結論を得る．

さらに簡単に

$$S(T) - K \leq C(T, S(T)) \leq S(T)$$

の現在価値として

$$S(t) - Ke^{-r(T-t)} \leq C(t, S(t)) \leq S(t)$$

である，と考えてもよい． □

例題 5.14

$C(t,S)$ と $P(t,S)$ を，それぞれ満期日 T，行使価格 K のヨーロッパ型コールオプションとプットオプションの時刻 t $(0 \leq t \leq T)$ での価格とする．S を株価，r を無リスク利子率とする．このとき

$$C(t,S) - P(t,S) = S - Ke^{-r(T-t)} \qquad (5.22)$$

を，無裁定の原理により示せ．式 (5.22) をプット・コールパリティ (put-call parity) という．

[解] 満期日 T において

$$C(T,S) - P(T,S) = \max\{S - K, 0\} - \max\{K - S, 0\}$$
$$= S - K$$

となることに注意する．左辺は時刻 t $(\leq T)$ での現在価値は

$$S(t) - Ke^{-r(T-t)}$$

となるから目的の関係式を得る． □

例題 5.15

ブラック・ショールズ評価公式 (5.19) において，株価 S に関する変化率 $\dfrac{\partial C}{\partial S}(t,S)$ を $\overset{\text{デルタ}}{\Delta}$ という（式 (5.12) 参照）．

このとき

$$\Delta = \frac{\partial C}{\partial S}(t,S) = \Phi(d_1)$$

であることを確かめよ．

[解] まず

$$\frac{\partial C(t,S)}{\partial S} = \Phi(d_1) + S\Phi'(d_1)\frac{\partial d_1}{\partial S} - Ke^{-r(T-t)}\Phi'(d_2)\frac{\partial d_2}{\partial S}$$

となるから

$$\begin{aligned}
&S\Phi'(d_1)\frac{\partial d_1}{\partial S} - Ke^{-r(T-t)}\Phi'(d_2)\frac{\partial d_2}{\partial S} \\
&= \frac{1}{\sigma\sqrt{T-t}}\left(\Phi'(d_1) - \frac{K}{S}e^{-r(T-t)}\Phi'(d_2)\right) \\
&= 0
\end{aligned}$$

を示せばよい．これは

$$\begin{aligned}
\Phi'(d_1) &= \frac{1}{\sqrt{2\pi}}e^{-\frac{d_1^2}{2}} = \frac{1}{\sqrt{2\pi}}e^{-\frac{1}{2}(d_2+\sigma\sqrt{T-t})^2} \\
&= \Phi'(d_2)e^{-\sigma\sqrt{T-t}d_2 - \frac{\sigma^2}{2}(T-t)} \\
&= \Phi'(d_2)\frac{K}{S}e^{-r(T-t)}
\end{aligned}$$

なので，確かに成立する．よって結論の式を得る． □

例題 5.16

1 期間の二項モデル

$$
\text{株価：} \quad 4 \begin{array}{c} \nearrow 8 \\ \searrow 2 \end{array} \tag{5.23}
$$

$$
\text{債券：} \quad 1 \longrightarrow \frac{3}{2}
$$

$$
\text{期間：} \quad t=0 \qquad t=1
$$

において，満期 $t=1$ での行使価格が 4 のコールオプションに対して，$t=0$ における価値を計算せよ．また，複製ポートフォリオとリスク中立確率を，それぞれ求めよ．

[解] $u=2, d=\frac{1}{2}, 1+r=\frac{3}{2}$ なので，リスク中立確率は

$$q = \frac{1+r-d}{u-d} = \frac{2}{3}$$

である．オプションの $t=1$ での価格は

$$C(1) = \max\{S-4, 0\} = \begin{cases} 4 & (S=8 \text{ のとき}) \\ 0 & (S=2 \text{ のとき}) \end{cases}$$

であるから，$t=0$ での価格 $C(0)$ は

$$C(0) = \frac{1}{1+r}\left(q \cdot 4 + (1-q) \cdot 0\right) = \frac{16}{9}$$

と評価される．さらに，複製ポートフォリオ (ϕ_0, ψ_0) は

$$\phi_0 = \frac{-\frac{1}{2} \cdot 4 + 2 \cdot 0}{\frac{3}{2} \cdot \frac{3}{2}} = -\frac{8}{9}, \quad \psi_0 = \frac{4-0}{\frac{3}{2} \cdot 4} = \frac{2}{3}$$

である．$\phi_0 < 0$ であるのは，債券を空売りすることを意味している．

問題

問題 5.17

BSM モデルにおいて，満期日 T，行使価格 K のヨーロッパ型プットオプション $P(t, S)$ $(0 \leq t \leq T)$ の価格評価式を求めよ．

問題 5.18

ブラック・ショールズ評価公式（5.19）において，$t \to T$ としたときの極限は満期日でのペイオフ関数に等しいこと，すなわち

$$\lim_{t \to T}(S(t)\Phi(d_1) - Ke^{-r(T-t)}\Phi(d_2)) = \max\{S(T) - K, 0\}$$

であることを確かめよ．

問題 5.19

ブラック・ショールズ評価公式（5.19）において，それぞれ，株価 S，満期日 T までの残り期間 $T-t$，行使価格 K，無リスク利子率 r，ボラティリティ σ に関する変化率を総称してグリークス (Greeks) という．以下のデルタ以外のグリークスを，それぞれ求めよ．

$$\text{デルタ} : \Delta = \frac{\partial C}{\partial S}, \quad \text{ガンマ} : \Gamma = \frac{\partial^2 C}{\partial S^2}, \quad \text{シータ} : \Theta = \frac{\partial C}{\partial t}$$
$$\text{ナブラ} : \nabla = \frac{\partial C}{\partial K}, \quad \text{ロー} : \rho = \frac{\partial C}{\partial r}, \quad \text{ベガ} : \mathcal{V} = \frac{\partial C}{\partial \sigma}.$$

問題 5.20

1 期間二項モデル（5.23）において，満期 $t=1$ での行使価格が 4 のプットオプションに対して，$t=0$ における価値を計算せよ．また，複製ポートフォリオを求めよ．

第6章

付録

　この章では確率論の基礎事項，典型的な確率分布，およびバナッハの不動点定理について簡単にまとめておく．

6.1 確率論の基礎事項

本文中でも予備知識として用いた確率論の基礎事項を手短にまとめておく.

🌱 確率空間

サイコロを投げて出た目を観測するような,同じ様な状態で何度も繰り返すことが可能であり,その結果があらかじめ定まっていないような実験や現象のことを試行という.試行で起こり得る結果全体の集合を標本空間と呼び Ω で表す. Ω の要素ひとつひとつを基本事象あるいは根元事象と呼び, Ω の部分集合を事象と呼ぶ.和事象 $A \cup B$,積事象 $A \cap B$,差事象 $A \setminus B$,余事象 $A^c = \Omega \setminus A$ などは事象の演算である.また, Ω を全事象, $\emptyset$ を空事象という.さらに, $A \cap B = \emptyset$ であるとき,事象 A と B は排反であるという.

確率論では,事象の集まりを考えるときには,次のような条件を課す,すなわち σ-加法族であることを仮定する.

定義 6.1

標本空間 Ω の事象の集まり $\mathcal{F}$ が σ-加法族(あるいは,完全加法族, σ-代数)であるとは, $\mathcal{F}$ が次の (1), (2), (3) を満たすときにいう.
  (1) $\Omega \in \mathcal{F}, \emptyset \in \mathcal{F}$.
  (2) $B \in \mathcal{F}$ ならば $B^c = \Omega \setminus B \in \mathcal{F}$ である.
  (3) $B_n \in \mathcal{F} \, (n = 1, 2, \cdots)$ ならば $\bigcup_{n=1}^{\infty} B_n \in \mathcal{F}$ である.

このとき, $\mathcal{F}$ を Ω の上の σ-加法族などという.

たとえば，$\mathcal{F}_0 = \{\emptyset, \Omega\}$，あるいは$\mathcal{P}^\Omega = \{\Omega$のすべての部分集合の集まり$\}$，などはともに$\sigma$-加法族である．また，$\mathcal{F}_1, \mathcal{F}_2$がともに$\Omega$の上の$\sigma$-加法族ならば，$\mathcal{F}_1 \cap \mathcal{F}_2$もまた$\sigma$-加法族である．よって，$\mathcal{B}$を$\Omega$の任意の部分集合としたとき，$\mathcal{B}$を含む$\sigma$-加法族で，包含関係に関して最小の$\sigma$-加法族$\sigma(\mathcal{B})$が存在する．すなわち

$$\sigma(\mathcal{B}) = \bigcap_{\mathcal{B} \subset \mathcal{F}}^{\infty} \mathcal{F} \quad (\mathcal{F} は \sigma\text{-加法族})$$

である．$\sigma(\mathcal{B})$を，$\mathcal{B}$により**生成されるσ-加法族**という．

引き続きΩを標本空間，$\mathcal{F}$をその上のσ-加法族とする．各事象$B \in \mathcal{F}$に対して，非負実数値の確率$P(B)$を定める．確率Pが満たすべき条件は次である．

定義6.2

Pが$(\Omega, \mathcal{F})$の上の**確率測度**(probability measure)であるとは，次の(1), (2)を満たすときにいう．

(1) 任意の$B \in \mathcal{F}$に対して$P(B) \geq 0$である．特に，$P(\Omega) = 1$である．

(2) $B_n \in \mathcal{F}$ $(n = 1, 2, \cdots)$が互いに素，すなわち$B_n \cap B_m = \emptyset$ $(n \neq m)$ならば

$$P\Big(\bigcup_{n=1}^{\infty} B_n\Big) = \sum_{n=1}^{\infty} P(B_n)$$

が成り立つ．

上の(2)の性質を**σ-加法性**，あるいは**可算加法性**という．また，$(\Omega, \mathcal{F}, P)$の組を**確率空間**(probability space)と呼ぶ．

さて，事象 A, B に対して，$P(B) \neq 0$ のとき
$$P(A|B) = \frac{P(A \cap B)}{P(B)}$$
を，B が起きたという前提のもとで A が起こる**条件付き確率**，あるいは，B に対する A の条件付き確率という．

事象 $B_1, B_2, \cdots, B_n$ が互いに素，すなわち，$B_j \cap B_k = \emptyset$ ($j \neq k$) であり，かつ
$$\Omega = \bigcup_{k=1}^{n} B_k$$
であるとき，**全確率の公式**
$$P(A) = \sum_{k=1}^{n} P(B_k) P(A|B_k)$$
が成り立つ．

定義6.3

事象 $B_1, B_2, \cdots, B_n$ が独立であるとは，任意の $1 \leq k_1 < k_2 < \cdots < k_r \leq n$ に対して
$$P(B_{k_1} \cap B_{k_2} \cap \cdots \cap B_{k_r}) = \prod_{j=1}^{r} P(B_{k_j})$$
が成り立つときにいう．

同様に，2つの σ-加法族 $\mathcal{F}_1, \mathcal{F}_2$ が独立であるとは，任意の $A \in \mathcal{F}_1$ と $B \in \mathcal{F}_2$ が独立であるときをいう．

独立性の概念は極めて重要であるが，素朴な感覚とは異なる場合もある．たとえば，事象 A と B が排反かつ $P(A) > 0, P(B) > 0$

であるとき，A と B は独立でない．実際，$A \cap B = \emptyset$ なので

$$0 = P(A \cap B) \neq P(A)P(B) > 0$$

となるからである．

🌿 確率変数

定義 6.4

確率空間 $(\Omega, \mathcal{F}, P)$ の上で定められた $\mathbb{R}$ への写像 $X : \Omega \to \mathbb{R}$ が確率変数 (random variable) であるとは，任意の $r \in \mathbb{R}$ に対して

$$X^{-1}((-\infty, r]) = \{\omega \in \Omega \mid X(\omega) \leq r\} \in \mathcal{F}$$

となるときをいう．

言葉で粗く述べれば，確率変数とは，標本空間 Ω の上で定められた関数であり，そのとる値に対して確率が定められるようなものをいう．

次の性質が成り立つ．

命題 6.5

$\{X_n\}_{n=1,2,\cdots}$ を確率変数の列とする．

(1) $\sup\limits_{n \geq 1} X_n$ および $\inf\limits_{n \geq 1} X_n$ は確率変数である．

(2) $\limsup\limits_{n \to \infty} X_n$ および $\liminf\limits_{n \to \infty} X_n$ は確率変数である．

(3) $\lim\limits_{n \to \infty} X_n$ が存在すれば，これは確率変数である．

確率変数 X が与えられたとき，X の生成する σ-加法族 $\sigma(X)$ とは

$$\sigma(X) = \sigma(\{\{X^{-1}((-\infty, r])\} \mid r \in \mathbb{R}\})$$

のことをいう．確率変数 X と Y が独立であるとは，それぞれの生成する σ-加法族 $\sigma(X)$ と $\sigma(Y)$ が独立であるときをいう．

さて，確率変数 X の定義から，確率変数の確率に関する性質は

$$F_X(x) = P(X \leq x) \qquad (x \in \mathbb{R})$$

によって特徴付けられることがわかる．ただし，右辺は

$$P(X \leq x) = P(X^{-1}(-\infty, x]) = P(\{\omega \in \Omega \mid X(\omega) \leq x\})$$

という意味である．この $F_X(x)$ を，X の**分布関数** (distribution function) という．

命題 6.6

確率変数 X の分布関数 $F_X(x)$ は，次の性質を満たす．

(1) $x < y$ ならば $F_X(x) \leq F_X(y)$ である．また

$$\lim_{x \to -\infty} F_X(x) = 0, \quad \lim_{x \to \infty} F_X(x) = 1$$

である．

(2) $F_X(x)$ は右連続である．すなわち

$$F_X(x) = F_X(x+0) = \lim_{r > 0, r \to 0} F_X(x+r)$$

である．

逆に，(1)(2) を満たす関数 $F_X(x)$ は，ある確率変数 X の分布関数となる．

分布関数が同じ確率変数 X, Y は，同分布であるといい，$X \sim Y$ などと書く．

確率変数 X の確率が正で，取り得る値が高々加算個であるとき，X を**離散型確率変数**という．すなわち，X が取り得る値を

$$-\infty < \cdots < x_{-1} < x_0 < x_1 < \cdots < x_n < \cdots < \infty$$

としたとき，

$$p(x_k) = P(X = x_k) = F_X(x_k) - F_X(x_{k-1}) > 0$$

とおくと，

$$\sum_{k=-\infty}^{\infty} p(x_k) = 1, \qquad F_X(x) = \sum_{x_k \leq x} p(x_k)$$

が成り立つ．

確率変数 X が実数区間内で連続的に変化する値を取り得るとき，X を**連続型確率変数**という．このとき非負値関数 $f_X(x)$ が存在し，

$$P(a < X \leq b) = \int_a^b f_X(x)dx \qquad (a < b)$$

となる．$f_X(x)$ を，確率変数 X の**密度関数**という．

$$\int_{-\infty}^{\infty} f_X(x)dx = 1, \qquad F_X(x) = \int_{-\infty}^{x} f_X(t)dt$$

が成り立つ．

期待値と分散

定義 6.7

確率空間 $(\Omega, \mathcal{F}, P)$ の上で定められた確率変数 X に対して，X の平均あるいは**期待値**（expectation）を

$$E[X] = \int_{\Omega} X(\omega) P(d\omega) = \int_{-\infty}^{\infty} x F_X(dx)$$

により定める．

もし X が離散型の場合は，その確率分布を $P(X = x_k) = p(x_k)$ とすると

$$E[X] = \sum_{k=-\infty}^{\infty} x_k p(x_k)$$

である．さらに，$\varphi(x)$ が実数値関数のとき

$$E[\varphi(X)] = \sum_{k=-\infty}^{\infty} \varphi(x_k) p(x_k)$$

である．

X が連続型の場合は

$$E[X] = \int_{-\infty}^{\infty} x f_X(x) dx$$

である．さらに，$\varphi(x)$ が実数値関数のとき

$$E[\varphi(X)] = \int_{-\infty}^{\infty} \varphi(x) f_X(x) dx$$

である．

定義 6.8

確率変数 X に対して，X の**分散**（variance）を

$$V[X] = E[(X - E[X])^2] = E[X^2] - E[X]^2$$

により定める．$\sigma_X = \sqrt{V[X]}$ を X の**標準偏差** (standard deviation) という．

次の性質が成り立つ．

命題 6.9

a, b が定数のとき

$$E[aX + bY] = aE[X] + bE[Y], \quad V[aX + b] = a^2 V[X]$$

が成り立つ．また，X と Y が独立のとき

$$V[X + Y] = V[X] + V[Y]$$

が成り立つ．

定義 6.10

確率変数 X, Y に対して，X と Y の**共分散** (covariance) を

$$\begin{aligned} C[X, Y] &= E[(X - E[X])(Y - E[Y])] \\ &= E[XY] - E[X]E[Y] \end{aligned}$$

により定める．また

$$\rho(X, Y) = \frac{C[X, Y]}{\sigma_X \sigma_Y}$$

を X と Y の**相関係数** (correlation coefficient) という．

相関係数については，$|\rho| \leq 1$ が成り立つ．さらに，X と Y が独立のとき $\rho(X, Y) = 0$ であるが，逆は必ずしも成立しない．

6.2 典型的な確率分布

典型的な確率分布についてまとめておこう．

🌿 二項分布

定義 6.11

$n \in \mathbb{N}$, $0 < p < 1$ とする．離散型確率変数 X が二項分布 $\mathrm{Bin}(n;p)$ に従うとは

$$P(X = k) = \binom{n}{k} p^k (1-p)^{n-k}$$
$$= \frac{n!}{k!(n-k)!} p^k (1-p)^{n-k}$$

であるときにいう．$X \sim \mathrm{Bin}(n;p)$ などと表す．

$$E[X] = np, \ V[X] = np(1-p)$$

が成り立つ．

二項分布 $\mathrm{Bin}(n;p)$ は，成功確率が p の試行で，n 回のうち成功した回数を X としたときに X が従う分布である（図 6-1）．

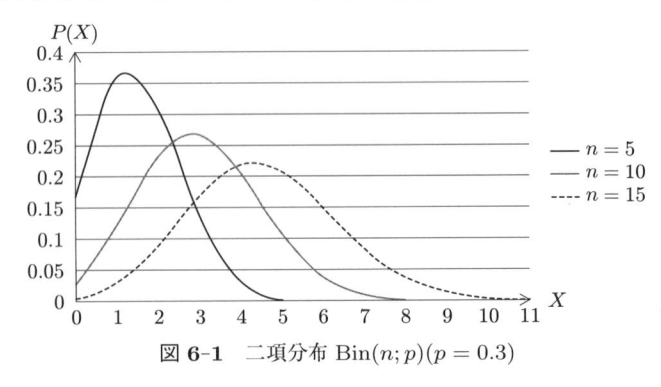

図 6-1 二項分布 $\mathrm{Bin}(n;p)(p=0.3)$

幾何分布

定義 6.12

$0 < p < 1$ とする．離散型確率変数 X が幾何分布 $\mathrm{Ge}(p)$ に従うとは，$k = 1, 2, \cdots$ に対して

$$P(X = k) = p(1-p)^{k-1}$$

であるときにいう．$X \sim \mathrm{Ge}(p)$ などと表す．

$$E[X] = \frac{1}{p}, \qquad V[X] = \frac{1-p}{p^2}$$

が成り立つ．

幾何分布 $\mathrm{Ge}(p)$ は，成功確率が p であるとき，初めて成功するまでの回数 X が従う分布である（図 6-2）．

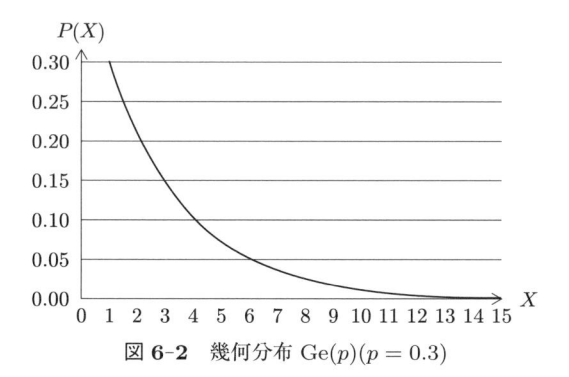

図 6-2　幾何分布 $\mathrm{Ge}(p)(p = 0.3)$

負の二項分布

定義 6.13

$n \in \mathbb{N}, 0 < p < 1$ とする．離散型確率変数 X が負の二項分布 $\mathrm{NB}(p)$ に従うとは，$k = n, n+1, \cdots$ に対して

$$P(X = k) = \binom{k-1}{n-1} p^n (1-p)^{k-n}$$

であるときにいう．$X \sim \mathrm{NB}(p)$ などと表す．

$$E[X] = \frac{n}{p}, \qquad V[X] = \frac{n(1-p)}{p^2}$$

が成り立つ．

負の二項分布 $\mathrm{NB}(p)$ は，成功確率が p であるとき，n 回目の成功が起こる回数 X が従う分布である（図 6-3）．

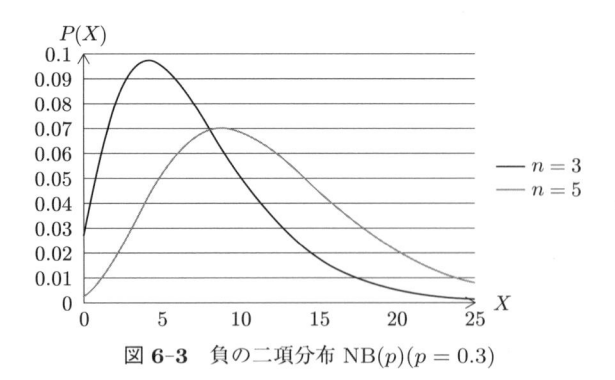

図 6-3 負の二項分布 $\mathrm{NB}(p)(p = 0.3)$

ポアソン分布

定義 6.14

$\lambda > 0$ とする.離散型確率変数 X がパラメータ λ のポアソン (Poisson) 分布 $\mathrm{Poi}(\lambda)$ に従うとは,$k = 0, 1, 2, \cdots$ に対して

$$P(X = k) = e^{-\lambda} \frac{\lambda^k}{k!}$$

であるときにいう.$X \sim \mathrm{Poi}(\lambda)$ などと表す.

$$E[X] = \lambda, \qquad V[X] = \lambda$$

が成り立つ.

ポアソン分布 $\mathrm{Poi}(\lambda)$ は,比較的にまれに起こる現象の発生回数 X が従う分布である.保険数理では重要な分布となっている(図 6-4).

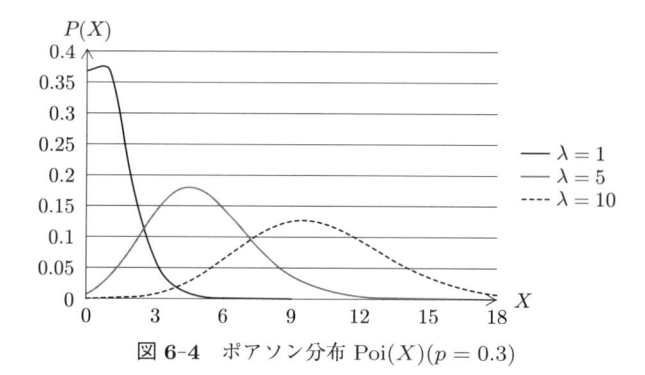

図 6-4 ポアソン分布 $\mathrm{Poi}(X)(p = 0.3)$

一様分布

定義 6.15

$a < b$ とする. 連続型確率変数 X が, 区間 $[a, b]$ の上の一様分布 $\mathrm{U}(a, b)$ に従うとは, 密度関数 $f(x)$ が

$$f(x) = \begin{cases} \dfrac{1}{b-a} & (a < x < b) \\ 0 & (x \leq a \text{ または } x \geq b) \end{cases}$$

であるときにいう. $X \sim \mathrm{U}(a, b)$ などと表す.

$$E[X] = \frac{a+b}{2}, \quad V[X] = \frac{(b-a)^2}{12}$$

が成り立つ.

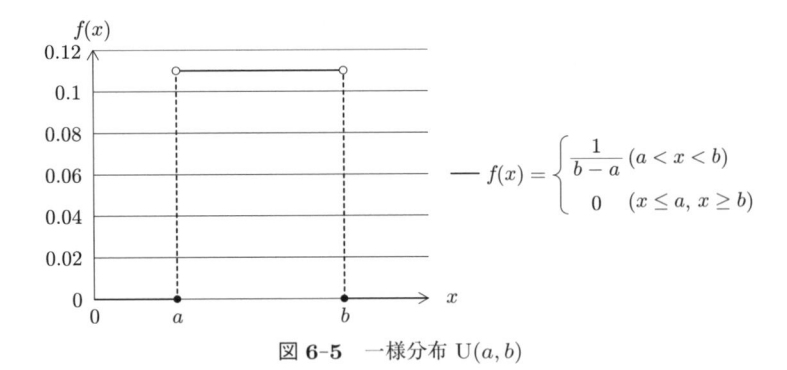

図 6-5 一様分布 $\mathrm{U}(a, b)$

指数分布

定義 6.16

$\lambda > 0$ とする．連続型確率変数 X が，パラメータ λ の指数分布 $\mathrm{Exp}(\lambda)$ に従うとは，密度関数 $f(x)$ が

$$f(x) = \begin{cases} \lambda e^{-\lambda x} & (x \geq 0) \\ 0 & (x < 0) \end{cases}$$

であるときにいう．$X \sim \mathrm{Exp}(\lambda)$ などと表す．

$$E[X] = \frac{1}{\lambda}, \quad V[X] = \frac{1}{\lambda^2}$$

が成り立つ．

$X \sim \mathrm{Exp}(\lambda)$ のとき，$P(X > x) = e^{-\lambda x}\ (x > 0)$ であるので

$$\begin{aligned} P(X > x+y | X > x) &= \frac{P(X > x+y, X > x)}{P(X > x)} \\ &= \frac{P(X > x+y)}{P(X > x)} = e^{-\lambda(x+y)} e^{\lambda x} = e^{-\lambda y} \\ &= P(X > y) \quad (x, y > 0) \end{aligned}$$

となる．これを，指数分布の**無記憶性**という．

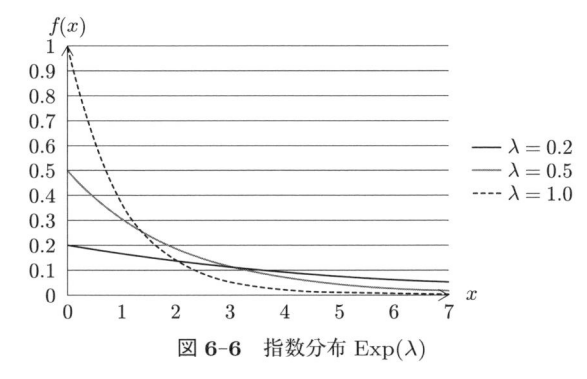

図 6-6　指数分布 $\mathrm{Exp}(\lambda)$

正規分布

定義 6.17

$\mu \in \mathbb{R}$, $\sigma > 0$ とする．連続型確率変数 X が，平均 μ，分散 σ^2 の正規分布 $N(\mu, \sigma^2)$ に従うとは，密度関数 $f(x)$ が

$$f(x) = \frac{1}{\sqrt{2\pi\sigma^2}} \exp\left(-\frac{(x-\mu)^2}{2\sigma^2}\right)$$

であるときにいう．$X \sim N(\mu, \sigma^2)$ などと表す．

$$E[X] = \mu, \qquad V[X] = \sigma^2$$

が成り立つ．

特に，$\mu = 0$, $\sigma = 1$ のときを**標準正規分布**という．また，$X \sim N(\mu, \sigma^2)$ に対して $\tilde{X} = \dfrac{X - \mu}{\sigma}$ とおくと $\tilde{X} \sim N(0, 1)$ となる．これを，X の**標準化**という．

標準正規分布の密度関数 $f(x) = \dfrac{1}{\sqrt{2\pi}} e^{-\frac{x^2}{2}}$ のグラフの特徴として

- 左右対称の釣鐘型．対称軸は y 軸．
- $x = 0$ のときに最大．$x < 0$ では単調増加．$x > 0$ では単調減少．$x = \pm 1$ で変曲点．
- $|x| \to \infty$ のとき，指数的に $f(x) \to 0$

などが挙げられる（図 6-7）．

図 6-7 標準正規分布 $N(0,1)$

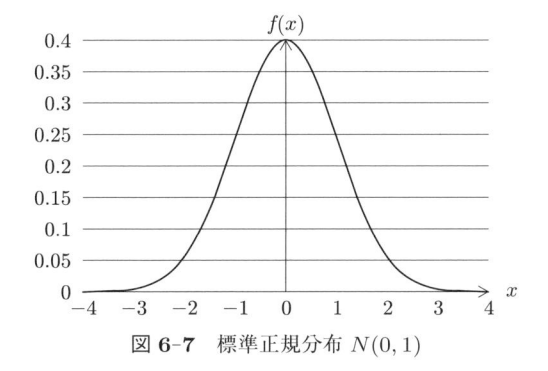

次の中心極限定理は重要である．

定理 6.18 **中心極限定理**

確率変数列 $B_1, B_2, \cdots, B_n, \cdots$ は独立，かつ同分布であり，同じ平均 μ と同じ分散 σ^2 をもつとする．このとき，$S_n = \sum_{k=1}^{n} B_k$ に対して

$$S_n \text{の標準化} = \frac{S_n - n\mu}{\sigma\sqrt{n}} \sim N(0,1) \quad (n \to \infty)$$

が成り立つ．

対数正規分布

定義 6.19

$\mu \in \mathbb{R}, \sigma > 0$ とする．非負値連続型確率変数 X が，$\log X \sim N(\mu, \sigma^2)$ であるとき，X は**対数正規分布**に従うという．密度関数 $f(x)$ は

$$f(x) = \frac{1}{x\sqrt{2\pi\sigma^2}} e^{-\frac{(\log x - \mu)^2}{2\sigma^2}}$$

である．

$$E[X] = e^{\mu + \frac{\sigma^2}{2}}, \qquad V[X] = e^{2\mu}(e^{2\sigma^2} - e^{\sigma^2})$$

が成り立つ．

対数正規分布は非負値であり，BSM モデルにも用いられているように，数理ファイナンスでは重要な分布である（図 6-8）．

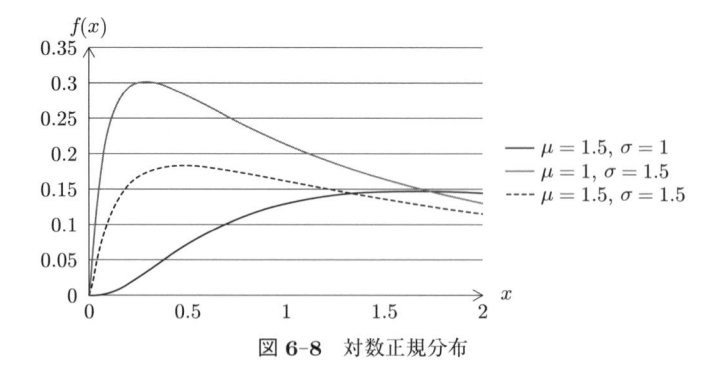

図 6-8 対数正規分布

ガンマ分布

定義 6.20

$s>0, \lambda>0$ とする.連続型確率変数 X が,パラメータ s, λ のガンマ分布 $\Gamma(s,\lambda)$ に従うとは,密度関数 $f(x)$ が

$$f(x) = \begin{cases} \dfrac{\lambda^s}{\Gamma(s)} x^{s-1} e^{-\lambda x} & (x \geq 0) \\ 0 & (x < 0) \end{cases}$$

であるときにいう.ただし,$\Gamma(s) = \displaystyle\int_0^\infty x^{s-1} e^{-x} dx$ はガンマ関数である.$X \sim \Gamma(s,\lambda)$ などと表す.

$$E[X] = \frac{s}{\lambda}, \qquad V[X] = \frac{s}{\lambda^2}$$

が成り立つ.

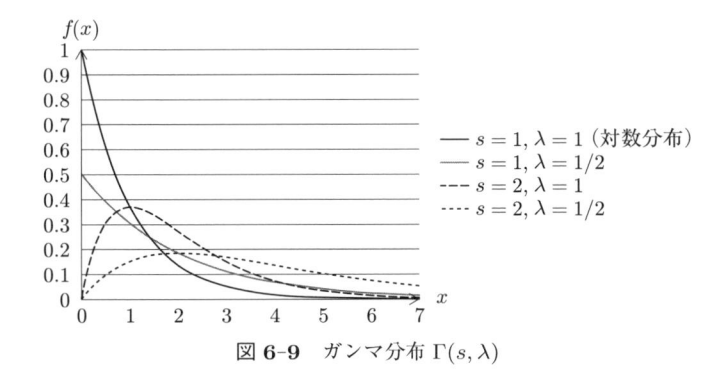

図 6-9 ガンマ分布 $\Gamma(s,\lambda)$

6.3 バナッハの不動点定理

確率微分方程式の解に対する存在定理の証明で用いた，**バナッハの不動点定理** (Banach fixed point theorem) を示しておこう．この定理は，バナッハ空間における縮小写像の原理 (contraction mapping principle) とも呼ばれている．

定義 6.21

ベクトル空間 V が**ノルム空間** (normed linear space) であるとは，任意の $x \in V$ に対してノルム $\|x\|$ と呼ばれる次の (1), (2), (3) の性質を満たす実数値が定められているときをいう．

(1) $\|x\| \geq 0$ かつ $\|x\| = 0$ ならば $x = 0$ である．

(2) $\|\alpha x\| = |\alpha| \|x\|$ 　 $(\alpha \in \mathbb{R}, x \in V)$.

(3) $\|x + y\| \leq \|x\| + \|y\|$ 　 $(x, y \in V)$．（三角不等式）

ノルム空間は，ノルムによる距離により距離空間となる．

ノルム空間 B が**バナッハ空間** (Banach space) であるとは，距離空間として**完備** (complete) であるときにいう．すなわち，$\{x_n\}_{n=1,2,\cdots} \subset B$ を任意の**コーシー列** (Cauchy sequence)（すなわち，$\|x_n - x_m\| \to 0 \, (n, m \to \infty)$）としたとき，ある $x \in B$ が B の中に存在し

$$\lim_{n \to \infty} \|x_n - x\| = 0 \quad \text{（あるいは } \lim_{n \to \infty} x_n = x\text{）}$$

となるときをいう．

さて，ノルム空間 V からそれ自身への写像 $T : V \to V$ が**縮小写像** (contraction mapping) であるとは，$0 < \theta < 1$ が存在し，任意

の $x, y \in V$ に対して

$$\|Tx - Ty\| \leq \theta \|x - y\|$$

となるときをいう．T は線形写像では必ずしもない．

次の定理は，バナッハの不動点定理，あるいはバナッハ空間における縮小写像の原理という．

定理 6.22 **バナッハの不動点定理，縮小写像の原理**

バナッハ空間 B からそれ自身への写像 $T : B \to B$ が縮小写像であるとき，$Tx = x$ のただひとつの解 $x \in B$ が存在する．

[証明] $x_0 \in B$ を任意にとり，点列 $\{x_n\}_{n=1,2,\cdots}$ を $x_n = T^n x_0$ ($n = 1, 2, \cdots$) により定める．このとき，$n > m$ ならば

$$\begin{aligned}
\|x_n - x_m\| &= \left\|\sum_{k=m+1}^{n}(x_k - x_{k-1})\right\| \\
&\leq \sum_{k=m+1}^{n}\|x_k - x_{k-1}\| = \sum_{k=m+1}^{n}\|T^{k-1}x_1 - T^{k-1}x_0\| \\
&\leq \sum_{k=m+1}^{n}\theta^{k-1}\|x_1 - x_0\| \leq \frac{\theta^m}{1-\theta}\|x_1 - x_0\| \\
&\to 0 \quad (m \to \infty)
\end{aligned}$$

が成り立つ．よって $\{x_n\}_{n=1,2,\cdots}$ はコーシー列を成し，B は完備なので，ある $x \in B$ がただひとつ定まり $\lim_{n \to \infty} x_n = x$ となる．T の連続性は縮小写像の定義から従うので

$$Tx = \lim_{n \to \infty} Tx_n = \lim_{n \to \infty} x_{n+1} = x$$

となり，x は $Tx = x$ の解であることがわかる．このような解を T の**不動点** (fixed point) という． □

問題略解

問題 1.6：定義により計算する．$s < t$ の場合を考える．

$$\begin{aligned}
&E[(W(t) - W(s))^4] \\
&= E[W(t-s)^4] \\
&= \frac{1}{\sqrt{2\pi(t-s)}} \int_{-\infty}^{\infty} x^4 e^{-\frac{x^2}{2(t-s)}} dx \\
&= \frac{t-s}{\sqrt{2\pi(t-s)}} \int_{-\infty}^{\infty} x^3 \left(-e^{-\frac{x^2}{2(t-s)}} \right)' dx \\
&= 3(t-s)^2 \frac{1}{\sqrt{2\pi(t-s)}} \int_{-\infty}^{\infty} e^{-\frac{x^2}{2(t-s)}} dx \\
&= 3(t-s)^2
\end{aligned}$$

問題 1.13：$E[U(t)] = 0$ なので

$$\begin{aligned}
&C[U(t+s), U(t)] \\
&= E[U(t+s)U(t)] \\
&= e^{-\mu(t+s)} e^{-\mu t} E\left[W\left(\frac{\sigma^2 e^{2\mu(t+s)}}{2\mu} \right) W\left(\frac{\sigma^2 e^{2\mu t}}{2\mu} \right) \right] \\
&= e^{-\mu(2t+s)} \min\left\{ \frac{\sigma^2 e^{2\mu(t+s)}}{2\mu}, \frac{\sigma^2 e^{2\mu t}}{2\mu} \right\} \\
&= \frac{\sigma^2}{2\mu} e^{-\mu s}
\end{aligned}$$

問題 1.19：$S_n(x) = \sum_{k=1}^{n} T_k(x)$ とおく．$S_n(x)$ は有界閉区間 $[0, 1]$ の上で連続であり，一様に $T(x)$ に収束するので $T(x)$ は連続である．

$1 \leq k \leq n$ に対して，区間 $\left[\dfrac{j}{2^n}, \dfrac{j+1}{2^n} \right]$ $(j = 0, 1, 2, \cdots, 2^n - 1)$ の上で $T_k(x)$ は線形であり

$$\frac{S_n(\frac{j+1}{2^n}) - S_n(\frac{j}{2^n})}{\frac{j+1}{2^n} - \frac{j}{2^n}} = \sum_{k=1}^{n} \pm 1$$

となる．もし $T(x)$ が微分可能ならば

$$T'(x) = \sum_{n=1}^{\infty} T'_n(x) = \sum_{n=1}^{\infty} \pm 1$$

であるが，上の右辺は収束しないので矛盾である．

問題 1.20：$\tilde{W}(s) = sW\left(\frac{1}{s}\right)$ $(s > 0)$, $\tilde{W}(0) = 0$ とおくと，$\tilde{W}(s)$ は標準ブラウン運動である．よって，$\lim_{s \to 0} \tilde{W}(s) = \tilde{W}(0) = 0$ である．そこで，$t = \frac{1}{s}$ とすると $\lim_{t \to \infty} \frac{W(t)}{t} = \lim_{s \to 0} \tilde{W}(s) = 0$ を得る．

問題 1.21：$W^0(t), W^1(t)$ がそれぞれブラウン橋であることはよい．

$$E[W^0(t)] = E[W(t)] - tE[W(1)] = 0$$
$$C[W^0(t+s), W^0(t)]$$
$$= E[W^0(t+s)W^0(t)]$$
$$= E[W(t+s)W(t)] - (t+s)E[W(1)W(t)]$$
$$\quad - tE[W(t+s)W(1)] + (t+s)tE[W(1)^2]$$
$$= t - (t+s)t - (t+s)t + (t+s)t$$
$$= t(1-t-s)$$

また

$$E[W^1(t)] = 0$$
$$C[W^1(t+s), W^1(t)]$$
$$= E[W^1(t+s)W^1(t)]$$
$$= (1-t-s)(1-t)E\left[W\left(\frac{t+s}{1-t-s}\right)W\left(\frac{t}{1-t}\right)\right]$$
$$= (1-t-s)(1-t)\frac{t}{1-t}$$
$$= t(1-t-s)$$

問題 1.22：$X(t)$ が正規分布に従うことはよい．

$$E[X(t)] = \mu t + \sigma E[W(t)] = \mu t$$
$$V[X(t)] = V[\sigma W(t)] = \sigma^2 t$$

問題 **1.23**：

(1) $\quad C[X(t+s), X(t)] = E[(X(t+s) - \mu(t+s))(X(t) - \mu t)]$
$$= E[\sigma W(t+s) \cdot \sigma W(t)] = \sigma^2 t$$

(2) $\quad M_X(s) = E[e^{s\mu t + s\sigma W(t)}] = e^{s\mu t} E[e^{s\sigma W(t)}] = e^{s\mu t + \frac{s^2 \sigma^2 t}{2}}$

問題 **2.2**：有理数はどのような小区間においても存在するので，部分和 S_n^f は 0 と 1 の間の任意の値を取り得る．よって，このリーマン積分は定義されない．

問題 **2.3**：$\xi_k = \dfrac{1}{2}(t_k + t_{k-1})$ に対して

$$\sum_{k=0}^{n-1} W(\xi_k)(W(t_{k+1}) - W(t_k))$$
$$= \frac{1}{2} \sum_{k=0}^{n-1} \{W(t_{k+1})^2 - W(t_k)^2\}$$
$$- \frac{1}{2} \sum_{k=0}^{n-1} \{(W(t_{k+1}) - W(\xi_k))^2 - (W(\xi_k) - W(t_k))^2\}$$
$$\to \frac{1}{2} W(T)^2$$

問題 **2.4**：次の変形を行う．

$$\sum_{k=0}^{n-1} t_k (W(t_{k+1}) - W(t_k))$$
$$= \sum_{k=0}^{n-1} (t_{k+1} W(t_{k+1}) - t_k W(t_k)) - \sum_{k=0}^{n-1} W(t_{k+1})(t_{k+1} - t_k)$$
$$\to TW(T) - \int_0^T W(t) dt$$

問題 **2.6**：必要ならばさらに細かく分割し，$0 = t_0 < t_1 < \cdots < t_n = T$ に対して，$t_k \leq t < t_{k+1}$ のとき

$$f(t) = f(t_k) = f_k, \qquad g(t) = g(t_k) = g_k$$

とする．このとき

$$E\Big[\Big(\int_0^T f(t)dW(t)\Big)\Big(\int_0^T g(t)dW(t)\Big)\Big]$$
$$= E\Big[\sum_{j,k=0}^{n-1}(f_k g_j(W(t_{k+1})-W(t_k))(W(t_{j+1})-W(t_j))\Big]$$
$$= E\Big[\sum_{k=0}^{n-1} f_k g_k(W(t_{k+1})-W(t_k))^2\Big]$$
$$= E\Big[\int_0^T f(t)g(t)dt\Big]$$

問題 2.15：恒等式
$$a^3(b-a) = \frac{1}{4}(b^4-a^4) - \frac{3}{2}a^2(b-a)^2 - \frac{1}{4}(b-a)^3(b+3a)$$
を用いて，例題 2.14 と同様に考察する．

問題 2.16：一般に，2 乗可積分な関数 $f(x)$ に対して，$X(t) = \int_0^t f(s)dW(s)$ は，平均 0，分散 $\int_0^t f(s)^2 ds$ の正規分布に従う．
(1) 平均 0，分散 $\dfrac{T^2}{2}$ の正規分布．
(2) 平均 0，分散 $\dfrac{1}{2}(e^{2T}-1)$ の正規分布．

問題 2.17：f が単関数ならば，$0 = t_0 < t_1 < \cdots < t_n = T$ に対して
$$\int_0^T f(t)dW(t) = \sum_{k=0}^{n-1} f(t_k)(W(t_{k+1})-W(t_k))$$
$$= \sum_{k=0}^{n-1}(f(t_{k+1})W(t_{k+1}) - f(t_k)W(t_k))$$
$$- \sum_{k=0}^{n-1} W(t_{k+1})(f(t_{k+1})-f(t_k))$$
$$\to f(T)W(T) - \int_0^T W(t)f'(t)dt$$
となる．次の第 3 章で学ぶ伊藤の公式を用いると
$$d(f(t)W(t)) = f'(t)W(t)dt + f(t)dW(t)$$
となり，これからも結論が従う．

問題 3.4：$d(W(t)^n) = nW(t)^{n-1}dW(t) + \dfrac{n(n-1)}{2}W(t)^{n-2}dt$
問題 3.17：$E[1|\mathcal{G}] = 1$ に注意．

問題 **3.22**：$E[S_{n+1}|\mathcal{F}_n] = E[S_n + B_{n+1}|\mathcal{F}_n]$
$$= E[S_n|\mathcal{F}_n] + E[B_{n+1}|\mathcal{F}_n]$$
$$= S_n + E[B_{n+1}] = S_n$$

問題 **3.29**：$dX(t) = \dfrac{1}{2}\sigma^2 X(t)dt + \sigma X(t)dW(t)$

問題 **3.30**：$X(0) = 0$ はよい．
$$dX(t) = -\alpha\sigma e^{-\alpha t}\Big(\int_0^t e^{\alpha s}dW(s)\Big)dt + \sigma e^{-\alpha t}e^{\alpha t}dW(t)$$
$$= -\alpha X(t)dt + \sigma dW(t)$$

問題 **3.31**：$dX(t)dX(t) = (dX(t))^2 = \sigma^2 dt$ に注意する．

(1) $dZ_1(t) = 2X(t)dX(t) + dX(t)dX(t)$
$$= (\sigma^2 + 2\alpha Z_1(t))dt + 2\sigma\sqrt{Z_1(t)}dW(t)$$

(2) $dZ_2(t) = -\dfrac{dX(t)}{X(t)^2} + \dfrac{dX(t)dX(t)}{X(t)^3}$
$$= (-\alpha Z_2(t) + Z_2(t)^3)dt - \sigma Z_2(t)^2 dW(t)$$

問題 **3.32**：$dW(t)dW(t) = (dW(t))^2 = dt$ に注意して $dX(t)$ を計算する．

(1) $dX(t) = -e^{\frac{1}{2}t}\sin W(t)dW(t)$

(2) $dX(t) = e^{\frac{1}{2}t}\cos W(t)dW(t)$

(3) $dX(t) = (X(t) - e^{-\frac{1}{2}t+W(t)})dW(t)$

問題 **3.33**：$dZ(t)$ を計算すると $dZ(t) = -\alpha Z(t)dW(t)$

問題 **4.11**：$X(t) = W(t) + x$ なので
$$f(X(t)) = f(x) + f'(x)W(t) + \dfrac{1}{2}f''(x)W(t)^2 + \cdots$$
および $E[W(t)^2] = t$ により $(\mathcal{A}f)(x) = \dfrac{1}{2}f''(x)$

問題 **4.18**：$X(t) = e^{-\alpha t}X_0 + \sigma e^{-\alpha t}\int_0^t e^{\alpha s}dW(s)$ に注意する．

(1) $E[X(t)] = e^{-\alpha t}X_0$

(2) $C[X(t+s), X(t)]$
$$= \sigma^2 e^{-\alpha(2t+s)}E\Big[\int_0^{t+s}e^{\alpha u}dW(u)\cdot\int_0^t e^{\alpha v}dW(v)\Big]$$
$$= \sigma^2 e^{-\alpha(2t+s)}E\Big[\int_0^t e^{2\alpha s}ds\Big]$$
$$= \dfrac{\sigma^2}{2\alpha}(e^{-\alpha s} - e^{-\alpha(2t+s)})$$

(3) $V[X(t)] = \dfrac{\sigma^2}{2\alpha}(1 - e^{-2\alpha t})$

問題 4.19：例題 3.25 も参照．
$$dY(t) = 2X(t)dX(t) + \sigma^2 dt = (\sigma^2 - 2\alpha Y(t))dt + 2\sigma\sqrt{Y(t)}dW(t)$$

問題 4.20：$(\mathcal{A}f)(x) = \alpha x f'(x) + \dfrac{1}{2}\sigma^2 f''(x)$

問題 5.3：ペイオフ関数は $K - S$．図は略．

問題 5.4：ペイオフ関数は $\max\{K - S, 0\}$．図は略．

問題 5.9：$C = C(t, S(t))$ は BS 偏微分方程式を満たすので
$$dC(t, S(t)) = \Big(rC(t,S(t)) + (\mu - r)S(t)\frac{\partial C}{\partial S}(t, S(t))\Big)dt$$
$$+ \sigma S(t)\frac{\partial C}{\partial S}(t, S(t))dW(t)$$

問題 5.17：プット・コールパリティ (5.22) により
$$P(t, S) = C(t, S) - S + Ke^{-r(T-t)}$$
$$= -(1 - \Phi(d_1))S + Ke^{-r(T-t)}(1 - \Phi(d_2))$$

問題 5.18：$\sigma > 0$ のときを考える．$S > K$ のとき $\lim_{t \to T} d_1 = \lim_{t \to T} d_2 = \infty$，
$S = K$ のとき $\lim_{t \to T} d_1 = \lim_{t \to T} d_2 = 0$，
$S < K$ のとき $\lim_{t \to T} d_1 = \lim_{t \to T} d_2 = -\infty$ に注意する．

問題 5.19：計算は面倒なものもある．結果は以下である．
$$\Delta = \Phi(d_1), \qquad \Gamma = \frac{1}{\sigma S\sqrt{2\pi(T-t)}}e^{-\frac{1}{2}d_1^2},$$
$$\Theta = -\frac{\sigma S}{2\sqrt{T-t}}\Phi'(d_1) - rKe^{-r(T-t)}\Phi(d_2), \qquad \nabla = -e^{-r(T-t)}\Phi(d_2),$$
$$\rho = (T-t)Ke^{-r(T-t)}\Phi(d_2), \qquad \mathcal{V} = S\sqrt{T-t}\Phi'(d_1).$$

問題 5.20：$t = 1$ での価格は
$$P(1) = \max\{4 - S, 0\} = \begin{cases} 0 & (S = 8 \text{ のとき}) \\ 2 & (S = 2 \text{ のとき}) \end{cases}$$
なので，$t = 0$ での価値は
$$P(0) = \frac{1}{3/2}\Big(\frac{2}{3} \cdot 0 + \frac{1}{3} \cdot 2\Big) = \frac{4}{9}$$
となる．また，複製ポートフォリオ (ϕ_0, ψ_0) は
$$\phi_0 = \frac{8}{9}, \qquad \psi_0 = -\frac{1}{3}$$

参考文献

確率微分方程式の良書は既に多い．確率論を含めて全般の内容を取り扱ったものとして以下を挙げる．

- 伊藤清：『確率過程』，岩波書店，2007 年．
- 伊藤清企画・監修，渡辺信三，重川一郎編：『確率論ハンドブック』，丸善出版，2012 年．
- B.エクセンダール著，谷口説男訳：『確率微分方程式』，シュプリンガー・フェアラーク東京，1999 年．
- 長井英生：『確率微分方程式』，共立出版，1999 年．
- 成田清正：『例題で学ぶ確率モデル』，共立出版，2010 年．
- 舟木直久：『確率微分方程式』，岩波書店，2005 年．
- 森真：『入門 確率解析とルベーグ積分』，東京図書，2012 年．
- 渡辺信三：『確率微分方程式』，産業図書，1975 年．
- Z.Brzezniak and T. Zastawniak: "Basic Stochastic Processes," Springer, 1999.

個別の話題では以下を挙げておく．

- 江沢洋：『だれが原子をみたか』，岩波現代文庫，2013 年．
- 木島正明，田中敬一：『資産の価格付けと測度変換』，朝倉書店，2007 年．
- 寺本英：『ランダムな現象の数学』，吉岡書店，1990 年．
- 藤田岳彦：『ファイナンスの確率解析入門』，講談社，2002 年．
- 藤田岳彦：『ランダムウォークと確率解析』，日本評論社，2008 年．

索　引

■ 欧文
BSM モデル　98
BS 偏微分方程式　114
σ-加法族　128

■ あ
アメリカ型　105
一様分布　140
伊藤過程　46
伊藤積分　33
伊藤積分の等長性　40
伊藤の確率微分　47
伊藤の公式　47
オプション　105
オルンシュタイン・ウーレンベック過程　19

■ か
ガウス過程　17
拡散係数　95
拡散方程式　94
確率過程　6
確率空間　129
確率積分　33
確率微分方程式　74
確率変数　5, 131
ガンマ分布　145

幾何分布　137
期待値　134
共分散　135
ギルサノフ・丸山の定理　118
金融派生商品　103
グリークス　125
原資産　104
行使価格　104
コールオプション　105

■ さ
裁定状態　108
先渡し契約　104
資金自己充足的　108
指示関数　56
事象　128
指数分布　141
縮小写像　146
条件付き確率　130
条件付き期待値　55
条件付請求権　107
条件付き平均　55
正規分布　142
生成作用素　86
生成される σ-加法族　129
積率母関数　22
線形確率微分方程式　77

相関係数　135
増大度条件　80

■ た
対数正規過程　20
対数正規分布　144
大数の法則　24
高木関数　24
単関数　34
中心極限定理　143
定常増分　9
ディンキンの公式　89
適合している　38
デリバティブ　104
同値なマルチンゲール測度　119
同分布　133
独立　130
独立増分　9
独立同分布　5
富の過程　108
ドリフト　47, 98
ドリフトをもつブラウン運動　25

■ な
二項分布　136
二項モデル　100

■ は
爆発時刻　77
バナッハ空間　146
バナッハの不動点定理　82, 146
標準化　142
標準正規分布　142
標準ブラウン運動　12
標本空間　128
ファインマン・カッツの定理　90

フィルトレーション　61
複製ポートフォリオ　121
プットオプション　107
プット・コールパリティ　122
負の二項分布　138
ブラウニアン・フィルトレーション　64
ブラウン運動　2, 11
ブラウン運動の $\sqrt{t}$ 法則　4
ブラウン橋　24
ブラック・ショールズの評価公式　117
ブラック・ショールズ偏微分方程式　114
ブラック・ショールズ・マートンモデル　98
分散　134
分布関数　132
ペイオフ関数　104
ポアソン分布　139
ポートフォリオ　108
ボラティリティ　98

■ ま
マルチンゲール　63
マルチンゲール表現定理　67
満期日　104
密度関数　133
無裁定の原理　108

■ や
ヨーロッパ型　105

■ ら
ラドン・ニコディムの定理　58
ランジュバン方程式　71
ランダム・ウォーク　4

リーマン・スティルチェス積分
　　　29
リーマン積分　29
離散型確率過程　6
離散型確率変数　133
リスク中立確率　119

リスクの市場価値　119
リスクヘッジ　103
リプシッツ条件　80
連続型確率過程　6
連続型確率変数　133
連続複利　101

〈著者紹介〉

石村　直之（いしむら　なおゆき）

略　歴
1964 年　徳島県徳島市生まれ
1982 年　徳島市立高等学校卒業
1986 年　東京大学理学部物理学科卒業
1989 年　東京大学大学院理学系研究科数学専攻修士課程修了
東京大学理学部助手，同大学院数理科学研究科助手を経て，
1996 年　一橋大学経済学部助教授
2005 年　一橋大学大学院経済学研究科教授
2015 年　中央大学商学部教授
専門は応用解析学，非線形科学，数理ファイナンス．博士（数理科学）

主な著書
『パワーアップ 微分方程式』，共立出版，2001 年．
『基礎コース 経済数学』（武隈愼一と共著），新世社，2003 年．

数学のかんどころ 26
確率微分方程式入門
数理ファイナンスへの応用

（*Introduction to Stochastic Differential Equations —Applications to Mathematical Finance*）

2014 年 6 月 15 日　初版 1 刷発行
2024 年 5 月 1 日　初版 5 刷発行

著　者　石村直之 © 2014
発行者　南條光章
発行所　共立出版株式会社
〒112-0006
東京都文京区小日向 4-6-19
電話番号　03-3947-2511（代表）
振替口座　00110-2-57035

共立出版ホームページ
www.kyoritsu-pub.co.jp

印　刷　大日本法令印刷
製　本　協栄製本

一般社団法人
自然科学書協会
会員

検印廃止
NDC 417.1, 331.19
ISBN 978-4-320-11067-0

Printed in Japan

JCOPY <出版者著作権管理機構委託出版物>
本書の無断複製は著作権法上での例外を除き禁じられています．複製される場合は，そのつど事前に，出版者著作権管理機構（TEL：03-5244-5088，FAX：03-5244-5089，e-mail：info@jcopy.or.jp）の許諾を得てください．